AF496410

R

Z. 1229.

8742

TRAICTE DV FEV ET DV SEL

EXCELLENT ET RARE Opuscule du sieur BLAISE DE VIGENERE Bourbonnois, trouué parmy ses papiers apres son decés.

A PARIS,
Chez la veufue ABEL L'ANGELIER, au premier pilier de la grand' salle du Palais.

M. DC. XVIII.

AVEC PRIVILEGE DV ROY.

AV LECTEVR.

ENTRE les œuures du feu sieur de Vigenere, tant paracheuées, qu'autres apres son decés, mises és mains de defunct l'Angelier Libraire, pour les donner au public; s'estant rencontré ce Traicté DV FEV ET DV SEL, la recherche en a semblé si curieuse, le subject si beau, & la doctrine si peu commune, qu'encores que l'Auteur n'y eust apporté la derniere main, ne donné l'entiere polisseure; neantmoins tel qu'il est on l'a estimé digne de vous estre presenté; & le lisant en ferez pareil iugement. Receuez-le donc & en faictes cas, s'il vous agrée; vous persuadant que comme au tableau de Venus esbauché par Apellés, l'excellence des traits fait perdre l'esperance de le pouuoir assez dignement paracheuer.

PRIVILEGE DU ROY.

LOVIS PAR LA GRACE DE DIEV ROY DE FRANCE ET DE NAVARRE, A nos amez Conseillers les gens tenans nos Cours de Parlemens, Preuost de Paris, Bailly de Roüen, Seneschaux de Lyon, Thoulouze, Bordeaux, Poictou, & le Maine, leurs Lieutenans, à tous autres nos Iuges & Officiers qu'il appartiendra, Salut. Nostre bien aimée Françoise de Louuain, veufue de feu ABEL L'ANGELIER, viuant marchant Libraire en l'Vniuersité de Paris, nous a faict remonstrer qu'ayant auec beaucoup de fraiz & labeur recherché les œuures du sieur de Vigenere, elle auroit recouuert vn liure dudit sieur intitulé *Traicté du feu & du sel*, lequel elle feroit volontiers imprimer, si elle ne craignoit que quelque Libraire & Imprimeur voulust faire le semblable, la frustrant par ce moyen de son labeur, & du recouurement de ses frais: Nous requerant à ces fins lettres necessaires. A ces causes, desirant bien & fauorablement traicter ladite veufue l'Angelier, luy auons de nos graces & authorité royal, permis & accordé, permettons & accordons imprimer ou faire imprimer ledit liure, iceluy vendre & distribuer par tout cestuy nostre Royaume, & terres de nostre obeyssance, sans qu'autres que ceux qui auront d'elle charge se puissent entremettre en l'impression, vente & distribution d'iceluy soubs pretexte de quelconque changement, desguisement, cause & occasion que ce soit, si ce n'est de son gré & consentement, ou que les liures qu'ils exposeront en vente ayent par elle esté imprimez: Et par le temps & terme de *dix ans*, à compter du iour qu'il aura esté acheué d'imprimer, à la charge d'en mettre deux exemplaires en nostre bibliotheque des Cordeliers de ceste ville de Paris, auparauant que l'exposer en vente, suiuant nostre reglement. Declarant à ces fins tous autres liures & exemplaires acquis & confisquez à ladite veufue l'Angelier, qu'elle pourra faire saisir nonobstant oppositions ou appellations quelconques. Voulant en outre que les contreuenans soient mulctez par amendes, & condamnez aux despens, dommages & interests, & autres peines de droict. Si vous mandons que du contenu en ces presentes, vous faictes, souffrez & laissez iouïr ladite veufue l'Angelier plainement & paisiblement, & à ce faire souffrir & obeyr de tous ceux qu'il appartiendra, en mettant par ladite veufue au commencement ou fin dudit liure ces presentes ou bref extrait, Voulons qu'elles soient tenues pour deuëment signifiées. Car tel est nostre plaisir. Donné à Paris le 7. iour d'Octobre l'an de grace 1617. & de nostre regne le huictiéme.

Par le Roy en son Conseil. RENOVARD.

Extraict des Registres de Parlement.

VEV par la Chambre des vacations les lettres patentes du septiesme du present mois d'Octobre, signées par le Roy en son Conseil, RENOVARD, & seellées du grand seel, par lesquelles inclinans à la supplication de Françoise de Louuain veufue de feu Abel l'Angelier, viuant marchand Libraire en l'Vniuersité de Paris, luy permet imprimer ou faire imprimer, vendre & debiter le liure intitulé *Traicté du feu & du sel*, sans qu'autres puissent ce faire que par son congé & permission pendant dix ans, à commencer du iour qu'il sera paracheué sur les peines, & ainsi que au long contiennent lesdites lettres. Requeste par elle presentée à fin d'entherinement d'icelles conclusions du Procureur General du Roy, tout consideré. Ladite Chambre ordonne que ladite de Louuain iouïra de l'effect & contenu en icelles selon leur forme & teneur, à la charge de mettre par elle deux exemplaires en la Bibliotheque du Roy és Cordeliers de ceste ville de Paris suiuant lesdites lettres. Faict és vacations le 17. Octobre 1617.

Signé DV TILLET.

TRAICTE'

TRAICTE' DV FEV ET DV SEL.

PAR LE SIEVR BLAISE DE VIGENERE.

PREMIERE PARTIE.

PYTHAGORE, celuy ſans doubte de tous les Ethniques, qui du commun conſentement & adueu de tous, a le plus profond & auec moins d'incertitude penetré és ſecrets tant de la diuinité que de la nature, l'ayant beu à pleins traits dans la viue ſource des traditions Moſaïques; parmy ſes ſymboles, où à la lettre il touche vne choſe, & myſtiquement y en eſt ſoubs-entenduë & compriſe vne autre; (en quoy il imite les Egyptiens & Chaldées, ou pluſtoſt les Hebrieux dont le tour leur eſt prouenu;) en met ces deux-cy: *Ne parler de Dieu ſans lumiere, & d'appliquer en tous ſes ſacrifices & offrandes du Sel.* Ce que de mot à mot il a emprunté de Moyſe, comme nous le deduirons cy-apres; car nostrē intention est de traicter icy du FEV & du SEL.

Et ce sur ce passage du IX. de S. Marc, sur lequel nous auons basty le present traicté, πᾶς γὰρ πυρὶ ἁλισθήσεται· καὶ πᾶσα θυσία ἁλὶ ἁλισθήσεται. *Tout homme sera sallé de feu; & toute victime sera sallée de sel.* En quoy quatre choses viennent à estre specifiées; l'homme, & la victime; le Feu, & le Sel: qui neantmoins se reduisent à deux, comprenans soubs soy les deux autres; l'homme, & la victime; & le feu, & le sel; pour la grande conformité qu'ils ont par ensemble.

AV COMMENCEMENT Dieu crea le Ciel & la Terre; ce dit Moyse tout à l'entrée de Genese: Surquoy Aristobule Iuif, & quelques Ethniques, voulans monstrer, que Pythagore, & Platon auoient leu les liures de Moyse, & de là tiré la plus part de leur plus secrette Philosophie; alleguent que ce que Moyse auroit dit, Que le Ciel, & la Terre furent créez tous les premiers, Platon en son Timée, apres Timée Locrien, auroit dit, Que Dieu assembla premierement le feu, & la terre, pour en bastir cest vniuers: (nous le monstrerons cy-apres plus sensiblement du Zohar au lumignon d'vne chandelle allumée; car tout consiste de la lumiere, qui est la premiere creature de toutes) ces Philosophes se presupposans que le monde consistoit, comme il fait à la verité, de quatre elemens, qui sont aussi bien au Ciel, & plus hault encore, comme en terre; & plus bas, mais diuersement: les deux plus haults, l'air & le feu, estans compris soubs le nom du Ciel, & de la region etherée; car αἰθὴρ vient du verbe αἴθω, luire & enflammer, les deux proprietez de ces elemens: & soubs le mot de terre, les deux plus bas, terre & eau, incorporez en vn seul globe. Mais combien que Moyse mette le ciel deuant la terre (& notez icy qu'en tout le Genese, il ne touche que les choses sensibles, des intelligibles c'est vn cas à part) neantmoins on n'est point bien d'accord de cela, Iuifs ny Chrestiens. Sainct Chrysostome Homelie premiere; *Voyez vn peu de quelle dignité la nature diuine vient à reluire en sa maniere de proceder à la creation des choses. Car Dieu au rebours des artisans, en bastissant son edifice, espandit premierement le ciel tout autour, puis planta la terre au dessous. Il trauailla premierement au comble, & par apres vint aux fondemens.* Mais la façon des Hebrieux est, que quand ils ont à parler de plus d'vne chose, ils mettent ordinairement la derniere en ordre, qu'ils pretendent toucher la premiere: & le mesme se practique icy; où le ciel est allegué deuant la terre, qu'immediatement il vient à descrire apres. *In principio creauit Deus cælum & terram; terra autem erat inanis & vacua.* De mesme en a vsé sainct Mathieu tout à l'entrée de son Euangile: *Le liure de la generation de* IESVS-CHRIST, *fils de Dauid, fils d'Abraham, Abraham engendra Isaac, &c.* Car on sçait combien long temps Abraham fut deuant Dauid. D'ailleurs, il ſemble que Moyſe vueille particulierement demonſtrer que la terre fut faicte deuant le ciel, par la creation de l'homme, qui eſt vne image & portrait du grand monde, en ce qu'au 2. de Geneſe Dieu forma l'homme du limon de la terre, c'eſt à dire ſon corps, qui la repreſente. Et puis inſpira en ſa face, ou luy bourſouffla l'eſprit de vie, lequel ſe rapporte au ciel. A quoy bat auſſi ce qui eſt eſcrit en la premiere aux Corinth. 15. *Le premier homme de terre eſt terreſtre, & le ſecond homme du ciel eſt celeſte: le premier homme Adam a eſté fait en ame viuante; & le dernier Adam en eſprit viuifiant.* A quoy ſe rapporte la generation de la creature, qui par ſix ſepmaines apres ſa conception, n'eſt qu'vne maſſe de chair informe, iuſqu'à ce que l'ame qui y eſt infuſe d'enhault la viuifie.

Les quatre elemens au reſte dont tout eſt baſty, conſiſtent de quatre qualitez; chauld, & ſec; froid, & humide; deux d'icelles accouplées en chacun d'iceux. La terre, à ſçauoir, de froid & de ſec: l'eau, de froid & humide: l'air, d'humide & de chaud: & le feu, de chaud & de ſec; dont il ſe vient ioindre auec la terre: car les elemens ſont circulaires, comme veut Hermes; chacun eſtant entouré de deux autres, auec leſquels il conuient en l'vne de leurs qualitez, qui luy eſt appropriée: comme la terre entre le feu & l'eau, participe auec le feu en ſeicheresse, & auec l'eau en froideur. Et ainſi du reſte.

L'homme donques qui eſt l'image du grand

monde, & est delà appellé le microcosme ou petit monde; comme le monde qui est fait à la ressemblance de son archetype, est dit le grand homme; estant composé des quatre elemens, aura aussi son ciel; & sa terre. L'ame & l'entendement sont son ciel; le corps & la sensualité, sa terre. Tellement que cognoistre le ciel & la terre de l'homme, est d'auoir pleine & entiere cognoissance de tout l'Vniuers, & de la nature des choses. De la cognoissance du monde sensible, nous venons à celle du Createur, & du monde intelligible: *Per creaturam creator intelligitur*, dit sainct Augustin. Le feu au reste donne au corps le mouuement; l'air, le sentiment; l'eau, la nourriture; & la terre, la subsistance. Le ciel outreplus designe le monde intelligible, & la terre le sensible: chacun desquels est soubs-diuisé en deux (en tout cas ie ne parle qu'apres le Zohar, & les anciens Rabbins) l'intelligible au paradis, & à l'enfer; & le sensible au monde celeste & l'elementaire. Origene fait en cest endroit vn fort beau discours tout à l'entrée de Genese: Que Dieu fit premierement le ciel, ou monde intelligible; suiuant ce qui est dit au 66. d'Isaie: *Le ciel est mon siege; & la terre mon marchepied*. Ou plustost c'est Dieu auquel habite le monde; & non pas que le monde soit l'habitacle de Dieu: *In ipso enim viuimus, & mouemur, & sumus*: car le vray siege & habitation de Dieu est sa propre essence: & auant la creation du monde, comme met Rabbi Eliezer en ses chap. il n'y auoit

Act. 7.

Act. 17.

rien que l'essence de Dieu, & son nom, qui ne sont qu'vne mesme chose. Apres donques le ciel ou monde intelligible, poursuit Origene, Dieu fit le firmament, c'est à dire ce monde sensible; car tout corps a ie ne sçay quoy de ferme & solide, & tout solide est corporel. Et comme ce que Dieu proposoit de faire consistast d'esprit & de corps; pour ceste cause il est escrit, que Dieu fit premierement le ciel, c'est à dire toute spirituelle substance, sur laquelle ainsi que sur quelque thrône il se reposast. Le firmament pour nostre regard est le corps, que
1. Cor. 3. le Zohar appelle le temple; & l'Apostre aussi; *Templum Dei estis vos.* Et le ciel qui est spirituel, est nostre ame, & l'homme interieur: le firmament est l'externe, qui ne voit, ny ne cognoist Dieu que sensiblement. De maniere que l'homme est double:
1. Cor. 15. (*est corpus animale, & est spirituale*) l'vn interieur, spirituel, inuisible; celuy que sainct Marc en ce lieu designe par l'homme: l'autre exterieur, corporel, animal, qu'il denote par la victime; *lequel ne comprend point les choses qui sont de l'esprit de Dieu, mais le spirituel discerne tout.* Tellement que l'homme exterieur animal est comparé aux bestes brutes, dont
Pseau. 48. se prenoient les victimes pour les sacrifices. *Com-*
Ecclesiaste *paratus est iumentis insipientibus, & similis factus est*
3. *illis. Nil enim habet homo iumento amplius:* le charnel & animal faut entendre, qui consiste de ce corps visible, lequel meurt aussi bien que les bestes, se corrompt & retourne en terre. Dont fort

bien auroit dit Platon, οὐκ ἔστιν ἄνθρωπος τὸ ὁρώμενον, *Que ce qui se voit de l'homme, n'est pas proprement l'homme.* Et en l'Alcibiade prem. plus distinctement encore; ἕτερον ἄρα ὁ ἄνθρωπός ἐστι τοῦ ἑαυτοῦ σώματος, *L'homme est ie ne sçay quoy autre que n'est son corps*; à sçauoir l'ame, comme il suit apres. Ce que Ciceron auroit emprunté au songe de Scipion: *Tu verò sic habeto; te non esse mortalem, sed corpus hoc: non enim tu es quem forma ista declarat, sed mens cuiusque is est quisque, non ea figura quæ digito demonstrari potest.* Et le Philosophe Anaxarque, pendant que le Tyran Nicocreon de Chypre le faisoit broyer dedans vn grand mortier de marbre, crioit à haute voix; *Broye fort, broye l'escorce d'Anaxarque, car ce n'est pas luy que tu broyes.*

Me sera-il icy permis d'apporter quelque chose des Metubales? Tout ce qui est, est ou inuisible, ou visible: l'Intellectuel, ou sensible; l'agent, & le patient; la forme, & la matiere; l'esprit, & le corps; l'homme interieur, & l'exterieur; le feu & l'eau; ce qui voit, & ce qui est veu. Mais ce qui voit est bien plus excellent & plus digne, que ce qui est veu; & n'y a rien qui voye que l'inuisible; là où ce qui est veu est comme aueugle; parquoy l'eau est vn subiect propre & conuenable, surquoy le feu ou esprit puisse estendre son action: aussi l'a il esleüe pour son domicile & demeure: car s'y introduisant, il l'esleue en hault en nature d'air contigu à luy. Lequel esprit inuisible

(*Spiritus domini ferebatur super aquas*; ou plustost, *incubabat aquis*) voyoit le visible; mouuoit l'immobile, car l'eau n'a point de mouuemét de soy; il n'y a que l'air & le feu qui en ayent: & parloit par les organes d'vn muet; tout ainsi que quand par nostre vent & haleine entonnant vne flutte nous la faisons resonner quelque muette qu'elle soit. Ce corps & esprit, eau & feu, nous sont designez par Cain & Abel, les premieres creatures de toutes autres, engendrées de semence d'homme & de femme; & par leurs sacrifices; dont ceux de Cain prouenans des fruicts de la terre, estoient par consequent corporels, morts, & inanimez; & quant & quant priuez de foy, laquelle depend de l'esprit; & se resoluoient par le feu en vne vapeur aqueuse, ainsi que pour l'aller trouuer en sa sphere & domicile, pour de nouueau patir soubs luy. Mais ceux d'Abel estoient spirituels, animez, pleins de vie, qui reside au sang; & de pieté & deuotion: aussi, ce disent Aben-Ezra, & l'Autheur de *Fasciculus myrrha*, vn feu descendit d'enhault pour les recueillir; ce qui n'aduint pas à ceux de Cain, que deuora vn feu estrange; & par là estoit denoté l'homme exterieur, sensuel, animal, qui doibt estre sallé de sel; & Abel l'interieur, spirituel, de feu. Lequel est double, le materiel & essentiel; l'actuel & potentiel, comme és cauteres. Tout ce qui est sensible & visible, se purge par l'actuel; l'inuisible & intelligible par le spirituel & potentiel. Sainct Ambroise au traicté d'Isaac,

ſaac, & de l'ame: *Qu'eſt-ce que l'homme, l'ame d'iceluy, ou la chair, ou l'aſſemblement de ces deux? car autre choſe eſt le veſtement, & autre ce qui en eſt reueſtu.* A la verité il y a deux hommes; ie laiſſe le Meſſihe à part; Adam qui fut fait & formé de Dieu quant au corps, de pouldre & de terre; puis-apres inſpiré de luy de l'eſprit de vie: ſ'il ſe fuſt gardé de meſprendre, il eſtoit fait participant à pair des Anges, de la beatitude eternelle; mais ſon peché l'en depoſſeda. L'autre homme eſt celuy qui vient à naiſtre ſucceſſiuement de l'aſſemblement de l'homme & la femme; lequel pour ſon offence originaire eſt rendu ſubiect à la mort, à peines, trauaux, & meſaiſes; parquoy il faut qu'il retourne dont il eſt venu: mais quant à l'ame qui vient de Dieu, il demeure en ſon franc arbitre: ſi elle veut adherer à Dieu, elle eſt capable d'eſtre admiſe au rang de ſes enfans: *Qui non ex ſanguinibus, neque ex voluntate carnis, neque ex voluntate viri, ſed ex Deo nati ſunt.* Tel fut Adam deuant ſa premiere tranſgreſſion. S. Iean 1.

L'AME donques qui eſt l'homme interieur, ſpirituel, & le vray homme, celuy proprement qui vit; car le corps n'a de ſoy point de vie, ny de mouuement, & n'eſt autre choſe que comme vne eſcorce & reueſtement de l'interne, ſelon le Zohar, allegant cecy là deſſus du 10. de Iob; *Tu m'as reueſtu de peau & de chair.* A quoy ſemble battre auſſi le 6. de S. Mathieu, où pour nous monſtrer combien l'ame nous doibt eſtre en plus grande recommandation que le corps, comme plus digne & precieuse ; le SAVVEVR dit ; *N'ayez point soucy dequoy vous reuestirez vostre corps ; le corps n'est il pas plus que le vestement ?* Et par consequent l'ame plus que le corps, puis que le corps n'est que comme vn vestement de l'ame ; lequel est subiect à se deperir & vser (*omnes sicut vestimentum veterascent* : Et l'Apostre en la 1. aux Corinth. *L'homme exterieur se dechet, mais l'interieur se renouuelle de iour à autre.*) Car il se laue, poursuit le Zohar, par le feu, ainsi qu'vne Salemandre : & l'exterieur par l'eau, auec des sauons & lexiues, qui consistent toutes de sels. Desquelles deux manieres de repurgemens il est ainsi parlé au 31. des Nombres. *Tout ce qui pourra supporter le feu, sera purgé par iceluy : & ce qui ne le peut soustenir, sera sanctifié par l'eau de la purification.* Ce qui estoit vne figure de ce que le Precurseur dit au 3. de S. Mathieu ; *Bien est vray que ie vous baptise d'eau à penitence ; mais celuy qui vient apres moy vous baptisera au S. Esprit, & en feu.*

MAIS voicy comme en parle plus particulierement le Zohar : *Si ainsi est, Adam qu'est-il ? Que si vous dites que ce n'est que peau & chair, & os & nerfs : il ne va pas de ceste sorte : car pour en parler à la verité, l'homme n'est autre chose que l'ame immortelle qui est en luy. Et la peau, chair, sang, os & nerfs, sont les vestemens esquels elle est enueloppée, ainsi qu'vne petite creature n'agueres née dedans les couches & langes de son berseau. Ce ne sont qu'vstancilles & instrumens octroyez aux enfans des femmes, & non pas l'homme ou Adam.* Car quand *cest Adam ainsi fait est enleué hors de ce monde, il est despouillé de ces instrumens dont il auoit esté surnestu & accommodé. C'est la peau dont le fils de l'homme est enueloppé, auec sa chair, ses os, & nerfs: & cela consiste au secret mystere de la Sapience, selon que l'a enseigné Moyse és cortines du tabernacle, qui sont le vestement interieur, & le tabernacle l'exterieur.* A ce mesme propos l'Apostre au 5. de la 2. aux Corinthiens: *Nous sçauons assez que si nostre habitation terrestre de ceste infirme cabuette vient à estre destruitte, nous auons vn edifice qui n'est point basty de main d'homme, ains est permanent eternellement là hault és cieux: dont nous desirons d'estre reuestus de nostre domicile au ciel; si toutesfois nous sommes trouuez vestus, & non nuds.* Par ainsi Adam, quant au corps, est vne representation du monde sensible; ou sa peau correspond au firmament (*extendens cælum sicut pellem.*) Car comme le ciel couure & enueloppe toutes choses, de mesme fait la peau tout l'homme: en laquelle sont introduites & affichées ses estoilles, & signes, à sçauoir les traits & lineamens és mains, au front, au visage; par où se reuelle aux hommes sages & qui le sçauent discerner, l'inclination de son naturel, imprimée en l'interieur. Et qui delà ne le coniecture, est comme celuy à qui le ciel estant ainsi que couuert de nuages, ne peut apperceuoir les constellations qui y sont; ou bien qui seroit offusqué de sa veuë. Et encore que les sages & experts en ces choses, y puissent au-

Pseaume 103.

cunement remarquer ce qui est denoté par ces traits & lineamens de la paulme de la main, & des doigts, au dedans d'iceux; car par le dehors c'est vn cas à part, & ne s'en manifeste que les ongles, qui ne sont pas vn petit secret & mystere; parce qu'elles s'offusquent en la mort, & ont tousiours vn luisant lustre durant la vie; au poil, és yeux, au nez, & lévres, & tout le reste de la personne. Car
Genes. 1. comme Dieu a fait le Soleil, la Lune, & les estoilles, pour y remarquer au grand monde, non tant seulement le iour, la nuict, & les saisons, mais les mutations des temps, & beaucoup de signes qui doiuent apparoir en terre: aussi a-il fait & marqué en l'homme, le petit monde, certains traits & lineamens tenans lieu d'estoilles & astres; par où lon peut paruenir à la cognoissance de fort grands secrets, non vulgaires, ny cogneus de tous. C'est par là que les Intelligences du monde superieur influent & decoulent comme par certains canaux leurs influences, dont les effects se viennent rebattre, & accomplir leurs effects icy bas: De la mesme sorte que des choses tirées d'vn arc roide & puissant se viendront planter dedans vne butte, où elles s'arrestent.

Mais pour reprendre le propos de cest homme double, & au vestement d'iceluy, l'Apostre en la 1. aux Corinth. 15. *Il y a des corps celestes, & des corps terrestres: neantmoins autre est la gloire des vns & des autres. Il y a vn corps animal, & vn corps spiri-*

tuel. Est-il semé corps animal? il ressuscitera corps spirituel incorruptible. A cestuy-cy se refere le feu, & au corruptible le sel.

De ces vestemens au surplus l'occasion se presente de s'y estendre plus au long, pour mieux monstrer qui doibt estre sallé de feu, & qui de sel; lequel est icy exprimé par la victime, à qui l'homme exterieur corporel correspond, selon l'Apostre aux Rom. 12. *Ie vous prie, mes freres, par la misericorde de Dieu, que vous luy offriez vos corps en vne hostie viuante, saincte, qui luy puisse plaire, & estre aggreable.* Ce qu'elle ne sçauroit, si elle n'est pure, nette, incontaminée, pour se rendre le domicile du sainct ESPRIT. *Ne sçauez-vous pas que vostre corps est le domicile du* S. ESPRIT *qui est en vous?* lequel est communément designé en l'Escriture par le feu, dont nous debuons estre interieurement sallez, c'est à dire preseruez de corruptiō. Et de quelle corruption? des pechez qui putrefient nostre ame. Origene liu. 7. contre Celsus, parlant des vestemens d'icelle, met qu'estant de soy incorporelle & inuisible, en quelque lieu corporel qu'elle se retrouue, elle a besoin d'vn corps conuenable à la nature de ce lieu où elle reside. Comme lors qu'elle est en ce monde elementaire, il luy faut vn corps elementaire aussi, qu'elle prend quand elle s'incorpore au ventre de la femme, pour en naistre; & delà viure ceste basse vie auec le corps qu'elle en a pris, iusques au terme limité; lequel expiré, elle se depoüille

1. Cor. 6.

de ce vestement corruptible, bien que necessaire en la terre dont il est venu,(suyuant ce que Dieu dit à Adam en Gen. 3. *Tu es pouldre, & tu retourneras en pouldre*;) pour se reuestir d'vn incorruptible, dont
1. Corinth. la perpetuelle demeure est au Ciel. *Car il faut que ce*
15. *corruptible soit reuestu d'incorruption; & que ce mortel soit reuestu d'immortalité.* Et ainsi l'ame se despoüillant de son premier vestement terrestre, en prend vn autre trop plus excellent là hault en la region etherée, qui est de nature de feu. Iusques icy Origene, à quoy rien ne se sçauroit trouuer de plus conforme, que ce qu'en met Pythagore vers la fin de ses vers dorez,

Ἢν δ' ἀπολείψας σῶμα, ἐς αἰθέρ' ἐλεύθερον ἔλθῃς,
Ἔσσεαι ἀθάνατος θεός, ἄμβροτος, οὐκ ἔτι θνητός.

Si delaissant ce corps mortel tu passes en vn air etherée libre; tu seras vn Dieu immortel, incorruptible, & non plus subiect à la mort. Comme s'il vouloit dire, qu'apres que ce corps materiel corruptible se sera despoüillé de son vestement terrestre & impur, la parfaite portion d'iceluy se demeslera de ses ordures & immondices,& s'en ira là hault au Ciel adherer à Dieu; ce qu'il ne pourroit faire qu'estant pur & net, ny cecy effectuer que par le feu. A ce mesme propos le Zohar: *Quand les elemens se destruisent, vn corps etherée succede en leur place, qui les surgest; ou pour mieux parler, le corps etherée qui estoit surnestu d'iceux, s'en despoüille.* Et cela nous est representé au 15. chapitre d'Esther, où il est dit, *qu'au troisiesme iour elle osta ses vestemens dont elle souloit estre accoustrée, & se reuestit de ceux de sa gloire, pour comparoistre deuant le Roy; qui designe le S.* ESPRIT, *& Esther l'ame raisonnable, dont les vestemens sont les vestemens du Royaume des Cieux, desquels celuy que Daniel chap. 3. dit estre semblable au fils de Dieu qui en couronne les iustes, & les orne de vestemens Royaux pour les amener en la presence du Roy des Roys au paradis de Volupté, éuenté de l'air d'enhault, que l'Esprit sainct y aspire.* Origene en la 2. Homelie sur le Pseaume 36. *C'est la mode de l'Escriture saincte d'introduire deux sortes d'hommes; l'interieur à sçauoir, & l'exterieur: chacun desquels a besoin endroit soy de ses vestemens, tout ainsi que de nourriture. L'homme exterieur corporel se maintient de viandes qui sont corruptibles, à luy propres & familieres, ayans toutes besoin de sel, outre le leur connaturel: mais il y a aussi vne viande pour l'interieur, dont il est dit au 8. de Deuter.* L'homme ne vit point de pain seulement, mais de toute parole qui part de la bouche de Dieu. *Et pour le regard du breuuage, l'Apostre en la prem. aux Corinth. 10.* Nos peres ont tous mangé d'vne mesme viande spirituelle, & ont tous beu d'vn mesme breuuage spirituel; car ils beuuoient de la pierre spirituelle qui les suiuoit; & ceste pierre estoit le CHRIST: *lequel parlant de ce breuuage en S. Iean 4. dit, qu'il est la fontaine d'eau viue; & qui boira de l'eau qu'il luy donnera, n'aura iamais soif. Il y a aussi deux manieres de vestemens pour le regard de l'homme interne. S'il est pecheur, il est dit au Pseau. 108.* Il a vestu malediction ainsi qu'vn accoustrement;

qu'elle luy soit donques en lieu d'habit dont il soit couuert; & comme vne ceinture dont il est tousiours ceint. *Et au rebours, l'Apostre aux Colos. 3.* Ne mentez point les vns aux autres, ayans despoüillé le vieil homme auec ses actions & comportemens, & vestu le nouueau; ains soyez reuestus de misericorde, de benignité, humilité & douceur d'esprit.

CE SONT ces vestemens que le Zohar dit estre les bonnes œuures, & les accoustremens nuptiaux de l'ame; qui ne se lauent & nettoyent sinon au feu
1.Cor.3. (*Quia in igne reuelabitur vniuscuiusque opus; & quale sit ignis probabit*) auquel ils persistent sans s'empirer ne consumer, ains s'y purifient quand & l'ame qui en est vestuë; de l'escume immonde dont en pourroient estre restées quelques taches, que le feu paracheue de nettoyer, les consumant & effaçant. Mais quel feu est-ce? Celuy dont il est dit au 4. & 9. de Deuter. *Dominus Deus tuus est ignis consumens.* Ce qu'Irenée interprete, que c'estoit pour donner crainte & terreur aux Israelites: & ce apres l'Apostre aux Hebrieux 12. *Seruons à Dieu pour luy estre agreables, auec reuerence & crainte; Car nostre Dieu est vn feu consumant.* Pource qu'ils auoient assez entendu que le monde estoit vne fois pery par le deluge vniuersel, & qu'il ne debuoit plus encourir de tel accident, ains souffrir sa derniere extermination par le feu: Ioint qu'au 33. la loy Mosaïque est appellée la loy de feu, qui est en la dextre du Tout-puissant, à cause de l'austerité & rigueur d'icelle,

toute

toute remplie de menaces, d'espouuantemens & frayeurs, autant que la Chrestienne l'est de douceur & misericorde: *In dextera illius ignea lex*. Ce que le Paraphrase Chaldaïque interprete pour ce qu'elle auoit esté donnée du milieu du feu sur le mont Horeb, selon ce qui est dit au 4. à propos de ceste frayeur: *Le Seigneur parla à moy me disant; Assemble-moy là bas les peuples, afin qu'ils oyent mes paroles, & apprennent à me redoubter. Alors vous-vous approchastes du bas de la montaigne, qui brusloit iusques au Ciel, & le Seigneur parla à vous du milieu du feu.* Et au 3. d'Exode, le buisson ardent auquel Dieu apparut à Moyse, ne se consumoit point. De ce feu consumant au reste parle ainsi le Zohar conformément à ceste maxime receuë en la naturelle Philosophie; *Qu'vne plus grand' flamme deuore & esteint vne moindre*: Comme nous pouuons sensiblement apperceuoir d'vn flambeau allumé qui s'amortist aux raiz du Soleil: & d'vn réchauld mis aupres d'vn gros feu qui le succe & attire du tout à luy. Il dit donques sur ce texte du 35. d'Exode, *Vous n'allumerez point de feu en pas-vne de vos maisons le iour du Sabath.* A quel propos, dit Rabbi Simeon, a esté ordonné cela; & pourquoy n'est-il loisible d'allumer du feu ce septiesme iour? par-ce que quand on allume du feu, il tend tousiours de son naturel contremont; & est remuant sur toute autre chose, suyuant ce qui est escript en la Sapience 7. où elle est accomparée au feu. *En la Sapience est l'esprit d'in-*

telligence; le ſainct, vnique, abondant, ſubtil, modeſte, eloquent, mobile, remuant, non ſoüillé: car elle eſt mobile ſur toute autre choſe, & atteint par tout à cauſe de ſa pureté. Deux proprietez que le feu a, d'eſtre remuant & pur, ne receuant aucune immondice: & tout remuement eſt vne eſpece d'action & operation, deffenduë par exprés au iour du Sabath. Le feu donques montant en hault, y emporte auec ſoy les impuritez deſignées au 10. du Leuitique par le feu eſtrange; qui eſt là deuoré par celuy lequel ſort de la preſence du Seigneur. Et ſeroit autant que d'y attirer de ſoy-meſme le iugement de ſes offenſes, qui ne doibt point eſtre renouuellé en la ſanctification du Sabath; de peur que le feu du courroux de Dieu ne deuore & conſume celuy de nos iniquitez, & nous quant & quant: ſi ce feu noſtre n'eſt premierement repurgé par vn plus fort feu, qui conſume & deuore le moindre & plus foible. Tout cela parcourt le Zohar. Et ſur le paſſage deſſuſdit du 4. de Deuter. *Deus tuus ignis conſumens eſt*, il dit encore: *Il y a double feu, l'vn plus fort qui deuore l'autre. Qui le veut cognoiſtre, qu'il contemple la flamme qui part & monte d'vn feu allumé, ou d'vne lampe & flambeau: car elle ne monte point qu'elle ne ſoit incorporée à quelque corruptible ſubſtance, & ne s'vniſſe auecques l'air dont elle ſe paiſt. Mais en ceſte flamme qui monte ſont deux lumieres; l'vne blanche qui luit & eſclaire, ayant ſa racine bleuë aucunement: l'autre rouge, qui eſt attachée au bois, & au lumignon, qu'elle bruſle. La* blanche monte directement en hault; & au dessous demeure ferme la rouge sans se departir de la matiere, administrant dequoy flamber & luire à l'autre; mais elles se viennent là-endroit ioindre & vnir ensemble; l'vne bruslant, l'autre bruslée, tant qu'elle se conuertisse en celle qui la predomine & maistrise, à sçauoir la blanche, tousiours vne mesme sans se changer ny varier comme fait l'autre; qui tantost noircist, puis deuient rouge, iaulne, inde, perse, azurée; renfermée en hault, & en bas: en hault de la flamme blanche; en bas de la noirceur de la matiere, qui luy fournist dequoy brusler, & en est en fin consumée. Car ceste flamme azurée, rouge, & iaulnastre, comme plus grossiere & materielle qu'elle est, tend tousiours à exterminer & destruire ce qui la nourrist & maintient; ainsi que font les iniquitez, la conscience qui les heberge; afin de se constituer la perdition & ruine de tout ce qui luy adhere en bas; tant qu'elle mesme à la parfin demeure esteinte: là où la lumiere blanche y annexée, n'est point amortie eternellement, ains s'en va librement là hault, & retourne au lieu propre de sa demeure, apres auoir accomply son action en bas; sans changer sa lueur en autre couleur que la blanche. En cas pareil est-il d'vn arbre qui a ses racines attachées dedans la terre, dont il prend son nourrissement, comme le lumignon fait le sien du suif, cire, ou huille qui le font ardoir. La tige qui succe son suc ou sceue par sa racine, est de mesme que le lumignon, où le feu se maintient de la liqueur qu'il attire à soy: & la flamme blanche sont ses branches & rameaux reuestus de fueilles: les fleurs & les fruicts où tend la fin finale de l'arbre, *sont la flamme blanche où tout se vient reduire. Parquoy Moyse a dit, Que ton Dieu est vn feu consumant, comme il est de vray, car le feu consume & deuore tout ce qui est au dessous de luy, & surquoy il exerce son action: & pourtant il y a fort proprement au texte Hebrieu,* ELOHENV *ton Dieu; & non pas* ADONENV *ton Seigneur, à cause que le Prophete estoit en ceste lumiere blanche superieure, qui ne deuore ny n'est deuorée. Et les Israelites estoient la lumiere bleuë, qui taschent de s'esleuer & vnir à luy soubs sa loy. Car l'ordinaire de ceste lumiere bleuë inclinant à noirceur plustost qu'à blancheur; bien est vray qu'elle est constituée comme au milieu; est de perdre & destruire ce qu'elle empoigne, & où elle adhere. Que si les pecheurs s'y soubsmettent, lors la lumiere blanche sera dicte* ADONENV *nostre Seigneur, & non* ELOHENV *nostre Dieu, pource qu'il la predomine & deuore. Et est ceste flamme bleuë designée par le petit & dernier* ה he *du sacré venerable tetragrammaton* יהוה ihouah, *laquelle s'assemble & vnist auec les trois premieres* יהו iehu, *la lumiere blanche, qui luist en vne tres-claire simplicité Trin'vne; ayant soubs soy la noircissante, la rougeastre, & la perse azurée de la petite* ה he, *qui est la nature humaine consistant des quatre elemens: si qu'elle est quelquefois representée par quatre* ד daleth, *la quatriesme lettre de l'alphabet, & qui marque le nombre de quatre.* Ie vous ay icy, direz-vous, apporté vn prolixe lieu du Zohar. Ie le vous aduouë; mais qui auroit besoin de plus ample explication; car il y a de grands mysteres cachez là dessous; taschant ce Rabbi superlatif à tous les autres en ses profondes & abstraites meditations qui transcendent tout, de nous esleuer les esprits par la similitude d'vne lumiere, à la cognoissance des choses spirituelles qui ne sortent point de nostre propos principal qui est le feu, & ses effects. De ceste lumiere blanche, & de ses collaterales, parlent encore d'autres Rabbins, comme Kamban Gerundense; *Que par la caballe il nous appert l'escriture auoir esté vn feu obscur & caligineux, sur le dos d'vn feu blanc, & resplendissant à merueilles.* C'est le feu, disent-ils, de l'Esprit sainct, consumant nos iniquitez denotées par l'ardeur rouge enflammée; & la flamme bleuë & inde, qui sont le feu estrange, comme l'interprete fort bien S. Ambroise en l'epistre 4. à Simplician: *Le feu estrange est toute ardeur de lubrique concupiscence, d'auarice, haine, rancune, & enuie. Et de ce feu l'homme n'est point expié ne purgé, mais trop bien bruslé: Que si on l'offre en la presence du Seigneur, le feu celeste le deuorera, comme il fit Nadab, & Abihu. Et pourtant qui veut purger son peché, il faut qu'il reiecte de soy ce feu estrange, & qu'il s'expie de celuy dont il est dit au 6. d'Isaye; Vn des Seraphins s'envolla vers moy, tenant en sa main vn charbon ardent, qu'il auoit tiré de l'autel auec des pincettes, & m'en toucha la bouche, disant; Voicy que i'ay touché tes levres de ce feu cy; dont ton iniquité sera ostée, & ton peché nettoyé & purgé.* Ayant dit peu auparauant, que toute la maison estoit remplie de fumée, qui est comme vn excrement & vapeur du feu, soit deuant qu'il s'allume

S. Denys Hierarch. chap. 13.

& enflamme, soit apres qu'il est amorty & esteint: dont vient à se procréer la suye, dont il n'y a rien de plus ennuyeux & moleste aux yeux; ayant emporté quand & soy vne partie de la corruption adustible, qui administroit au feu son nourrissement, & pasture. Cela se peut voir en la distillation de la suye, où se manifeste vne notable quantité d'huille inflammable; ce qui est cause de la faire encore brusler: & de ce bruslement viendroit à naistre vne fumée, qui se concréeroit derechef en suye bruslable comme auparauant, mais non tant. Ce sont les reliquats du peché, dont il estoit demeuré quelques taches emprainctes en l'ame, iusqu'à ce que finablement par la successiue repurgation du feu, elle soit reduite à ce poinct d'vne complette pureté, dont il est dit és Cantiques 4. *Tu es toute belle, ma bien-aimée; & n'y a aucune macule en toy.* Ce que denote la flamme blanche, qui est le plus hault degré de l'embrasement. Le sçauent assez ceux qui manient le feu; car quand vn fourneau commence à s'eschauffer, il noircist; puis renforçant le feu, il rougist; & finablement se blanchist quand il est au supreme & dernier degré de chaleur, où il persiste en sa blancheur de plus en plus. Telles sont les actions du feu: Mais il y a de grands mysteres là dessous; mesmement pour monstrer l'aduantage & la precellence qu'a la couleur blanche par dessus la rouge: tout ainsi qu'a la foy Chrestienne, designée par l'eau qui est blanche; (*Au milieu du thrône y auoit comme vne*

Apoc. 4. & 15.

mer de verre semblable à crystal) par dessus la loy Iudaïque, rouge, embrasée de rigueur & seuerité, designée par la colonne de feu, qui conduisoit durant la nuict les Israëlites par les deserts; & la nuée blanche de iour. En la secrette Theologie Hebraïque, le rouge denote tousiours *gheburah*, austerité; & la blancheur, *ghedulah* ou misericorde. Elie fut transporté & rauy en hault dedans vn chariot de feu, attellé de cheuaux de mesme: mais en la transfiguration du SAVVEVR ses vestemens deuindrent blancs comme nege. Et en l'Apocalypse 3. les esleus sont tousiours habillez de blanc: Et au 6. parlant des Saincts martyrisez pour la foy de leur REDEMPTEVR, leur est donnée à chacun vne belle aulbe blanche. Peu auparauant ayant mis, que l'Ange à qui auoit esté octroyée la victoire, & la couronne, estoit monté sur vn cheual blanc; (comme au 19. & 20. le thrône de Dieu est paré de blanc) & celuy qui estoit monté sur le cheual rouge, auoit vn grand coutelas tout sanglant au poing, afin qu'on s'en massacrast l'vn l'autre. Mais plus expressément encore au prem. d'Isaïe: *Quand bien vos pechez seroient aussi rouges que fine escarlatte, si seront-ils blanchis comme nege. Et ores qu'ils fussent plus rouges que vermillon, ils deuiendront blancs comme laine.*

Exode 13. *4. des Roys, 2.* *S. Math. 17.*

MAIS voicy beaucoup de choses, me pourra-lon dire, qui peu à peu se destournent de nostre propos principal, & sont tout ainsi que parergues mesme extrauagans. Non du tout certes, mais

comme pour monter quelque roidescarpé penchant il faut tournoyer à l'entour pour y aller plus à son aise,&euiter les creuaces & precipices;de mesme sommes-nous contraints de faire par fois de petites courses & digressions, pour faciliter nostre theme. Les riuieres qui vont tournoyans, sont plus commodes à nauiguer, que celles qui s'escoulent impetueusement de droit fil en bas. Il n'y aura rien à la parfin, Dieu aidant, d'inutile ny hors de propos. Tout cecy donques rouge & blanc n'est que feu & eau ; la colonne de feu nocturne, & la nuée blanche sur iour ; en laquelle,comme dit l'Apostre,
1. Cor.10. tout le peuple Iudaïque fut baptisé. *Et en ceste nuée*
Ecclesiastique 14. *la Sapience diuine establit son thrône.* C'est la loy Mosaïque, & celle de grace ; le feu, & le sel. Le Zohar parlant des deux premieres Tables de Moyse, qui furent rompuës pour l'idolatrie du veau d'or ; met deux colonnes ; l'vne de feu, representant la chaleur naturelle dont toutes choses sont viuifiées ; & l'autre d'eau, qui est l'humide radical qui maintient la vie. (De cecy ne s'esloigne gueres l'Apocalypse au 15. où il dit, *Qu'il vit comme vne mer de verre, meslée de feu*) lequel humide radical fut peruerty & alteré au deluge, par l'vniuerselle inondation, si qu'il ne fut du depuis si vigoureux qu'auparauant; mais il sera acheué d'exterminer de tous poincts à la fin du siecle par la conflagration finale. La premiere mutation rencontra quelque misericorde; l'humain lignage n'ayant pas lors esté du tout

esteint,

esteint, ains s'en sauuerent les reliquats en Noé auec les siens: mais la seconde n'en aura point; car tout perira par la seuere rigueur du feu. A propos de ces deux substances, les Assyriens, & autres peuples Orientaux adoroient le feu, comme celuy qui leur representoit la chaleur naturelle; & les Egyptiens auec tous les Meridionaux le Nil, qui est l'humide radical, lequel s'en va rendre en la mer empreignée de sel, pour la preseruer en fin de corruption: car pour cest effect toutes les humeurs du corps animal, sang, pituite, vrine, & le reste sont sallées; sans cela tout se corromproit d'vn instant à autre. Voyez la difference qu'il y a de nos sainctes lettres, qui appliquent les meditations des choses sensibles aux mysteres sacramentaux; & des ratiocinations de l'aueuglé Paganisme, qui ne faisans que tournoyer par dessus l'escorce, ne penetrent point plus auant, que ce que le sens incertain & doubteux leur peut faire comprendre, sans passer plus outre à la relation des choses diuines, où le tout se doibt en fin referer à la spiritualité: ressemblans proprement en cela vne austruche, qui bat assez des aisles, comme si elle vouloit s'esleuer iusqu'au ciel, mais ses pieds ne quittent pas pour cela la terre.

La Theologie Phenicienne n'admettoit qu'vn seul element, le feu; qui est le principe & la fin de tout: le producteur & destructeur de toutes choses. Ce qui ne s'esloigne pas fort de ce que le Pseau-

Heb. 1. me 118. appellé *ignitum verbum*; par lequel les siecles furent formez. Heraclite aussi mettoit le feu pour vne premiere substance qui informoit tout, & dont se tiroient de puissance en action toutes choses, tant superieures qu'inferieures, celestes & terrestres. Car le chauld & le froid, l'humide & le sec n'estoient pas substances, ains qualitez & accidents, dont les Philosophes naturalistes se seroient forgez les quatre elemens; là où à la verité il n'y en a qu'vn, qui selon les vestemens qu'il reçoit de la qualité accidentalle, prend diuerses appellations: Si de la chaleur, c'est de l'air; de l'humide, eau; du sec, la terre; lesquels trois ne sont qu'vn feu, mais reuestu de diuers & de differents vestemens. Par ainsi le feu s'estendant en tout & par tout, aussi toutes choses se viennent rendre à luy comme au centre; Si qu'à bon droict le peut-on appeller vne infinie & non terminée vigueur de nature; ou plustost la viuification d'icelle; car sans luy rien ne se pourroit comprendre, veoir ny obtenir en hault ny en bas. Celuy qui esclaire est celeste; qui cuit & digere, aëreux; & qui brusle, terrestre; qui ne peut subsister sans quelque grossiere matiere venant de la terre, qu'il reduit finablement en icelle: comme on peut voir és choses bruslées, conuerties en cendres; dont apres l'extraction du sel, il ne reste plus qu'vne pure terre: le sel estant vn feu potentiel & aqueux, c'est à dire vne eau terrestre empreignée de feu, d'où se viennent à produire toutes sortes de mineraux; car ils sont de nature d'eau. L'experiment s'en peut veoir és eaux forts, qui sont toutes composées de sels mineraux, alums, salpetres; lesquelles bruslent comme le feu: Qui se produit des exhalations chauldes & seches, agitées des vents, & faciles à s'enflammer: des cailloux aussi, du fer, & du bois; & des os frayez, mesmement de ceux du lyon, ce dit Pline. Dont on peut recueillir que par tout il y a du feu en puissance.

NON sans cause donques Pythagore ordonnoit apres Moyse, de ne parler de Dieu, & des choses diuines, qu'il n'y eust du feu; car il n'y a rien de toutes les choses sensibles qui symbolise & correspondent plus à la diuinité, que le feu. Aristote escriuant à Alexandre, luy ramentoit qu'il auoit appris des Brachmanes, qu'il y auoit vn cinquiesme element ou essence; qui est vn feu où reside la Diuinité: parce que c'est le plus noble & le plus pur de tous les elemens; & lequel purge toutes choses, selon Zoroastre. Plutarque allegue que ceste Diuinité est vn esprit de certain feu intellectuel, qui n'a point de forme; mais transforme en soy tout ce qu'il attache; & se transmuë de mesme en tout, comme souloit faire Protée le genie d'Egypte;

Philostr. en la vie d'Apoll. liure 3. chap. 11.

Omnia transformat sese in miracula rerum:

4. des Georg.

Et de ce feu, selon Zoroastre, toutes choses sont engendrées. C'est la lumiere qui habite, ce dit Porphyre, en vn feu etherée; car l'elementaire dissipe tout. Mais plus authentiquement S. Denys au 15. de la hierarchie celeste : *Le feu, d'autant que son essence est despoüillée de toute forme, tant en couleur comme en figure, a esté trouué le plus propre pour representer la diuinité à nos sens, entant qu'ils peuuent conceuoir & apprehender de la nature & essence diuine. L'escriture mesme en infinis endroits appelle Dieu & les Anges feu: & non seulement nous propose des chariots & rouës de feu, mais des animaux ignées, des fleuues & torrents ardents ; & des charbons, & des hommes tous embrasez. Tous les corps celestes non plus ne sont que lumieres flambantes; & les Thrônes & Seraphins tous de feu : tant il y a d'affinité & de conuenance auecques la Diuinité. Car le feu que le sentiment apperçoit & sent, est separé, quant à sa substance, de toutes autres qui ne se peuuent ioindre & mesler auec luy, sinon de la matiere à quoy il est incorporé pour ardre. Il luist, & s'espand de costé & d'autre: & en se recueillant en soy, de sa lumiere il illustre tout ce qui est proche, ne se pouuant toutesfois veoir sans la matiere où il adhere, & exerce son action, non plus que la diuinité que par ses effects : ny arrester, ny empoigner, ny mesler à rien, ny changer tant qu'il est en vie : là où il empoigne toutes choses, & les tire à soy, & à sa nature. Il renouuelle & regaillardist tout de chaleur vitale, illustre & illumine tout; tendant tousiours encontremont d'vne agilité & vistesse incomparable. Il communique son mouuement à tout ; sa lumiere, & sa chaleur, sans aucune diminution de sa substance, quelque portion qu'on en emprunte, ains demeure tousiours en son entier. Il vient soudain, & s'en reua tout aussi tost, sans qu'on puisse sçauoir d'où il vient, & où il s'en va.* Auec plusieurs autres belles considerations de ce feu commun, qui nous esleuent à la cognoissance du feu diuin, dont ce materiel est comme vn vestement & couuerture; & le sel la couuerture du feu, qui au sel s'appaise & accorde auec son ennemy qui est l'eau; comme la terre au salpetre fait auec son contr'opposé l'air, par le moyen de l'eau qui est entre-deux: car le salpetre participe de la nature de soulphre & de feu, entant qu'il brusle; & du sel en ce qu'il se resoult dans l'eau; *proprium enim*, dit Heber, *salium & aluminum est in aqua solui, cùm ab illa oriantur.* Mais de cela plus à propos cy-apres en son lieu.

Les meditations de ces couuertures & reuestemens ne sont pas de peu d'importance pour monter des choses sensibles aux intelligibles, car elles sont toutes enueloppées l'vne dans l'autre, comme vne encychie, ou lune spiralle. Le Zohar fait ces reuestemens doubles; l'vn en montant & se despoüillant, (*deponite veterem hominem, & induite nouum*) car nulle chose spirituelle descendant en bas, Ephes. 4.
n'opere sans quelque vestement. (*Vos sedete in Hierusalem, quoad vsque induamini virtute ex alto.*) Et en S. Luc 24.
ce cas le corps enueloppe & reuest l'esprit; l'esprit, l'ame; l'ame, l'intellect; l'intellect, le temple; le temple, le thrône; & le thrône, la *Sechinah*, ou la gloire & presence de Dieu, qui reluisoit au tabernacle. En descendant, ceste gloire est renclose du thrône, & de l'arche de l'alliance, qui est

dedans le tabernacle, ou intellect : le tabernacle dans le temple, qui est nostre ame ; (*templum Dei estis vos*) le temple est en Hierusalem, nostre esprit vital ; Hierusalem en la Palestine, nostre corps ; & la Palestine au milieu de la terre, dont nostre corps est composé.

DIEV donques estant pur Esprit, desnué de toute corporeïté & matiere, (car nostre ame estant telle, à plus forte raison le doit estre celuy qui l'a faicte à son image & ressemblance) il ne peut estre en ceste simple & absoluë nudité compris ny apprehendé de ses creatures, sinon par quelques attributions qu'on luy donne, qui sont autant de vestemens; que les Caballistes particularisent à dix sephirots ou numerations : trois au monde intelligible ; & sept au celeste, qui viennent à se terminer en la lune ou *malchut*, la derniere en descendant ; & la premiere en montant du monde elementaire en hault ; car c'est vn passage d'icy bas au ciel : si que les Pythagoriciens appelloient la lune la terre celeste ; & le ciel ou astre terrestre toute la nature d'icy bas au monde elementaire estant au regard du celeste ; & le celeste de l'intelligible, ce dit le Zohar, feminine & passible, comme de la lune enuers le soleil ; duquel d'autant qu'elle s'esloigne, iusques à venir à son opposition, d'autant croist-elle de lumiere pour nostre regard icy bas ; & en diminuë en sa partie regardant en hault. Là où au contraire en sa conionction qu'elle nous demeure toute obſcurcie, la partie d'amont eſt toute eſclairée: Pour nous monſtrer que tant plus noſtre entendement ſe rabaiſſe aux choſes ſenſibles, de tant plus ſ'eſloigne-il des intelligibles; & au rebours. Cela fut cauſe qu'Adam ayant eſté logé au paradis terreſtre pour y vacquer à la contemplation des choſes diuines, quand il ſ'en cuida deſtourner apres les ſenſibles & temporelles, en voulant gouſter du fruict de l'arbre de ſcience de bien & de mal, par où il ſe departit de celuy de vie pour ſ'aſſubiectir à la mort, il en fut banny & mis hors. A ce meſme propos le Zohar met encore, que deux veſtemens nous viennent du ciel en ceſte temporelle vie; l'vn formel, blanc, & reſplendiſſant, maſculin, paternel & agent; car tout ce qui agiſt tient lieu de forme, de maſle, & de pere: & ceſtuy-cy nous vient du feu, & de la clarté des eſtoilles, pour en illuſtrer noſtre entendement. L'autre eſt rouge, maternel, feminin pour l'ame, prouenant de la ſubſtance du ciel, qui eſt plus rare que des corps celeſtes. Celuy de l'entendement eſt logé au cerueau, & l'autre de l'ame au cueur. L'intellect ou entendement eſt ceſte partie de l'ame raiſonnable faite & formée à l'image & ſemblance de ſon Createur; & l'ame en ſoy la faculté animale ditte *nephe ſch*; la vie à ſçauoir qui reſide au ſang. Et comme le ciel contient les eſtoilles, ceſte-cy contient l'intellect; qui nous eſt au reſte commune auec les beſtes brutes: mais l'intellect ou ame raiſonnable eſt propre & particuliere aux hommes; celle qui peut meriter ou demeriter: parquoy elle a besoin de repurgation & nettoyement des macules qu'elle attire & conçoit de la chair où elle est plongée, suyuant ce qui est dit en Gen. 8. *Le sens, & la cogitation du cueur de l'homme sont enclins à mal dés sa ieunesse.* Et puis qu'il est question de nettoyer ce vestement qui est de nature de feu, il faut aussi que cela se face moyennant le feu; car nous voyons par experience qu'vn feu chasse l'autre, comme il a esté desia dit cy-deuant; si que quand on se brusle, il n'y a point de plus prompt remede que de se rebrusler au mesme endroit, endurant la chaleur du feu le plus qu'on pourra; qui tire à soy l'inflammation hors de la partie: ou bien la trempant dans de l'eau de vie, où il y ait du vitriol calciné dissouls, dont les Chirurgiens n'ont point trouué de plus souuerain remede pour oster le feu des harquebuzades, & les garentir d'istiomene, & gangrene; & neantmoins ce sont deux feux ioints ensemble. Mais celuy qui doibt durant ceste vie repurger nos ames, est celuy dont parle ainsi sainct Augustin au 29. sermon *de verbis Apostoli*: car il y en a vn autre apres. *Allumez en vous vne scintille d'vne bonne & charitable dilection; & la souffiez & éuentez; car quand elle sera parcreuë à vne grand' flamme, elle vous consumera & foin, & bois, & chaulme de toutes vos charnelles concupiscences. Mais la matiere dont ce feu se doibt entretenir, sont les prieres, & les bonnes œuures, lequel en doibt tousiours ardre sur vostre*

autel;

autel; car c'est celuy dont le SAVVEVR *a dit*; IE SVIS VENV METTRE LE FEV EN TERRE, QVE VEVX-IE DONQVES SINON QV'IL S'Y ALLVME? *Il y a au surplus deux feux; l'vn de la mauuaise part, à sçauoir de la concupiscence charnelle; l'autre est de la bonne, qui est la charité; lequel deuore tout le mal, ne laissant que le bon, qu'il esleue en hault en vne fumée d'odeur agreable.* Car le *cueur d'vn chacun est comme vn autel, ou de Dieu, ou de l'aduersaire. Et pourtant celuy qui est allumé de la flamme de charité, se doibt tousiours de plus en plus augmenter par de bonnes œuures, afin qu'il nourrisse en soy l'ardeur que nostre* SAVVEVR *aura daigné y embraser; & que par ce moyen s'accomplisse ce que dit l'Apostre; Que* IESVS-CHRIST *s'est approprié vne Eglise, n'ayant point de tache ny ride, ains qui est toute saincte, pure & nette, sans macule.* Car ce que l'Eglise est en general & commun enuers Dieu, la conscience de chacun de nous en particulier est de mesme, quand elle est syncerement preparée comme il est requis; & que sur le fondement d'icelle, on edifie de l'or, de l'argent, & des pierreries, vne ferme foy à sçauoir & creance, accompagnée de bonnes œuures, sans lesquelles la foy est morte & enseuelie: le tout sur le modelle & patron de la Ierusalem celeste, designée au 21. de l'Apocalypse, qui est le type de l'Eglise; comme est aussi l'ame raisonnable, où il faut qu'arde tousiours du feu sur l'autel; & qu'à l'imitation des sages & prudentes vierges, nous ayons nostre lampe preste, & bien allumée, & garnie de ce qu'il luy

Eph. 5.

S. Matth. 25.

faut pour en maintenir la lumiere attendant l'Epoux ; selon que le commande le SAVVEVR en sainct Luc 12.

LE ZOHAR au reste fait ce repurgement de l'ame estre double ; ce qui ne s'esloigne pas fort de nostre creance : l'vn pendant que l'ame est encore au corps ; il appelle cela selon ses anagogiques façons de parler, la conionction de la lune auec le soleil, lors que pour nostre regard d'icy bas elle n'est point illuminée : car pendant que l'ame est annexée dans le corps, elle iouïst bien peu de sa clarté, estant toute offusquée d'iceluy, ainsi que si elle estoit emprisonnée dans quelque sombre obscure chartre. Et consiste ce repurgement en repentance de ses mesfaits, satisfaction d'iceux, & conuersion à meilleure vie ; en ieusnes, aumosnes, prieres, & autres telles penitences qui se peuuent exercer en ce monde. L'autre est apres la separation de l'ame & du corps, qui se fait au feu purgatif ; que les Iuifs, ny Mahometans, ny Ethniques n'ont iamais reuoqué en doute.

Eneide 6. *Quin & supremo cùm lumine vita reliquit,*
Non tamen omne malum miseris, nec funditus omnes
Corporeæ excedunt pestes ; veterúmque malorum
Supplicia expendunt : aliæ panduntur inanes
Suspensæ ad ventos ; aliis sub gurgite vasto
Infectum eluitur scelus, aut exuritur igni.

Par où sont remarquez trois elemens repurgatifs ; l'air, l'eau, & le feu. Mais il ne faut pas entendre, dit sainct Augustin, au 3. sermon des Trespassez, que par ce transitoire feu soient purgées les griefues & mortelles offenses, & pechez capitaux, si lon n'en a fait penitence en ceste temporelle vie, pour en esbaucher l'expiation par delà, où le reste se parfait au feu; comme homicides, adulteres, faux tesmoignages, concussions, violences, rapines, iniustices, infidelité & obstinations erronées, & autres semblables, qui s'opposent directement aux diuins commandemens & preceptes; ains les menuës fautes tant seulement, qu'on appelle pechez veniels; comme manger & boire par excés, parolles vaines, fols desirs, & deprauées concupiscences non paruenuës à effect; n'exercer les œuures de misericorde, où la commune charité & commiseration nous appelle; & autres telles fragilitez; dont si nous ne faisons quelque penitence en ce monde, le feu les repurgera en l'autre, & plus asprement. Les Hebrieux à ce propos font vne triple distinction des pechez: *Chataoth*, sont ce que nous mesprenons contre nous-mesmes, sans faire tort à personne qu'à nous; gourmandises, lubricitez, paresse, oisiueté, courroux, despit: Les *Auonoth* s'addressent à nostre prochain, qui ne s'effacent & pardonnent sinon moyennant la reparation: Et les *Peschaim*, les transgressions, preuarications, & impietez qui s'addressent directement à Dieu. Ils tirent cela premierement du 34. d'Exode, *Pardonnant les iniquitez, la rebellion & les offences*. Plus du 105. Pseaume; *Peccaui-*

mus, iniquè fecimus, impiè egimus. Et du 9. de Daniel; *Chatanu, veauinu, vehirsannu*. Il y a des pechez, dit le Zohar, imprimez en hault, d'autres en bas, & d'autres en l'vn & en l'autre. En hault, contre Dieu; en bas, contre nostre prochain; & en l'vn & en l'autre, contre nous-mesmes: le corps & les biens, tant de nostre prochain que de nous, denotans le bas; & l'ame le hault, qui est faite à l'image & semblance de Dieu. S'ils sont effacez en bas, ils le sont là hault. (IESVS-CHRIST apres sa Resurrection souffle
S. Iean 20. sur ses Disciples, & leur dit: *Receuez le* S. ESPRIT. *A tous ceux ausquels vous pardonnerez leurs pechez, ils leur sont pardonnez: & à quiconques vous les suspendrez, ils seront aussi suspendus. Ce que vous lierez en terre, il sera lié au Ciel.*)

MAIS pour retourner aux reuestemens, & en dire encor quelque chose, le superieur est tousiours reuestu de l'inferieur; le monde intelligible du celeste, qui en est comme vne adombration; & le celeste de l'elementaire. Et neantmoins il sembleroit que ce fust ainsi qu'au rebours, par la figure d'Hypallagé; comme au Pseaume 18. *Dieu a mis son tabernacle au soleil*, pour dire; Il a mis le soleil en son tabernacle, qui est le Ciel. Car Dieu ne reside pas dans le monde; c'est plustost le monde qui reside
Actes 17. dans Dieu, qui le comprend tout; *In ipso enim viuimus, mouemur, & sumus*; aussi le monde intelligible deuroit reuestir le celeste, & le celeste l'elementaire; mais c'est pour demonstrer que nous ne pou-

uons pas bien comprendre le Ciel, qui eſt ſi eſloigné de nous, que par ce qui eſt expoſé à la cognoiſſance de nos ſentimens icy bas ; ne ce qui eſt des intelligences ſeparées, que par les choſes ſenſibles. *Non eſt in intellectu quin prius fuerit in ſenſu*, dit le Philoſophe ; & l'Apoſtre aux Rom. prem. *Que les choſes inuiſibles de Dieu ſe voyent de la creature du monde par celles qui ont eſté faites.* Cela tout conformément au Zohar. *En toy*, dit-il, en la priere d'Elie s'addreſſant à Dieu, *n'y a ny reſſemblance, n'image quelconque interieure ny exterieure ; mais au reſte tu as creé le Ciel, & la terre, & produit d'eux le ſoleil, & la lune ; les eſtoilles, & les ſignes du Zodiaque ; & en la terre les arbres, & herbes, dedans vn iardin de delices ; auec les beſtes, oiſeaux, & poiſſons ; & les hommes finablement ; afin que de là les choſes ſuperieures ſe puiſſent cognoiſtre ; & des ſuperieures, les inferieures ; enſemble la ſorte dont les vnes & les autres ſont gouuernées.* Plutarque au traicté d'Oſiris allegue, qu'en la ville de Saïs en Egypte y auoit vne telle inſcription dedans le temple de Minerue, née du cerueau de Iupiter : laquelle n'eſt autre choſe que la Sapience du PERE : ἐγὼ εἰμὶ πᾶν τὸ γεγονὸς, καὶ ὂν, καὶ ἐσόμενον, καὶ τὸν ἐμὸν πέπλον οὐδείς πω θνητὸς ἀπεκάλυψεν. *Ie ſuis tout ce qui fut, & ce qui eſt, & ce qui ſera : & pas vn de tous les mortels n'a encore iuſques icy deſcouuert mon voile.* Car la diuinité eſt tellement enueloppée de tenebres qu'on ne peut voir le iour à trauers :

αὐτὸν δ' οὐχ ὁρόω, περὶ γὰρ νέφος ἐστήρικται.

Ie ne le voy pas, car il eſt offuſqué d'vne trop eſpoiſſe nuée, dit Orphée: & le Pseaume 17. *Qui posuit tenebras latibulum suum.* Plus au 4. de Deuter. *Vous vous approchastes au bas de la montaigne, qui brusloit iusques au Ciel; & là y auoit des tenebres, des nuages espois, & obscurité.* Car pour le regard de Dieu enuers nous, la lumiere & les tenebres ne sont qu'vne mesme chose;

Psau.138. *sicut tenebræ eius, ita & lumen eius:* & en Isaïe 16. *Pone quasi noctem vmbram tuam in meridie.* Tout de mesme que l'affirmatiue & la negatiue, par laquelle, qui equipolle aux tenebres, nous pouuons mieux apprehender quelque chose de la diuine Essence, que non pas par l'affirmatiue qui se rapporte à la lumiere, comme le dispute fort excellemment Rabbi Moyse Egyptien au 57. chap. du premier liure de son *Moré*. Car la lumiere diuine est insupportable du tout à ses creatures, mesmes les plus parfaites, suyuant ce que met l'Apostre en sa premiere à Timothée 6. *Dieu habite vne inaccessible lumiere, que nul des hommes n'a peu voir:* De sorte qu'elle nous est en lieu de tenebres, ainsi que la clarté du soleil à des chauuesouris, chahuans, & autres oiseaux nocturnes; lesquelles tenebres sont les reuestemens & comme bornes & clostures de la lumiere. Car representez-vous quelque phanal assis au hault d'vne montaigne: Tout autour d'iceluy, comme d'vn centre à sa circonference, s'espandra égallement sa clarté, entant qu'elle se pourra estendre; si qu'en fin où elle ne pourra arriuer, l'obscurité la terminera; car les tenebres ne sont autre chose qu'vne absence & priuation de lumiere. Tout de mesme l'homme exterieur, charnel, animal, est la couuerture, voire obscurcissement de l'interieur spirituel; à guise de quelque lanterne de bois, ou de pierre, & autre telle matiere opaque, qui engarde que la lumiere y renclose ne puisse espandre sa clarté en dehors; la lanterne symbolisant au corps, & la lumiere qui est dedans, à l'ame. Mais si le corps est subtilié à vne nature etherée, c'est delà en auant comme si la lanterne estoit de quelque clair crystallin, ou de corne bien transparente; car l'ame & ses fonctions y reluisent lors tout à descouuert sans obstacle. Puisque donques à l'vn de ces deux, l'homme interieur à sçauoir, est attribué le feu, qui respond à l'ame; & le sel à l'exterieur, qui est le corps; comme la victime ou homme animal est le reuestement du spirituel designé par l'homme, & le feu; le vestement de ce feu sera le sel, auquel le feu potentiellement est renclos; car tous sels sont de nature de feu, comme estans engendrez de luy; *Ex omni enim re combusta fit sal*, dit Geber; & par consequent participant de ses proprietez, qui sont purger, dessecher, retarder la corruption, & descuire; ainsi qu'on peut voir en toutes les choses sallées, qui sont comme à demy-cuites, & se gardent plus longuement sans corrompre qu'estans cruës: és cauteres potentiaux aussi, qui bruslent, & ne sont autre chose que sels.

Novs sera-il loisible d'apporter icy vn passage

entier de Rhases au liure de la secrette Triplicité? car il n'est pas commun à tous, & nous insisterons fort en ce nombre, pour raison des trois feux, & trois sels, desquels nous pretendons traicter; aussi qu'il y a vn mystere en ce nombre de trois, qui ne fait pas à oublier, par ce qu'il represente l'operation, dont le feu est l'operateur. Car 1. 2. 3. font six; les six iournées esquelles Dieu à la creation du monde paracheua tous ses ouurages: & la septiesme il se reposa. *Il y a*, dit Rhases, *trois natures, dont la premiere ne peut estre cogneuë ny apprehendée que par vne fort esleuée meditation; C'est Dieu le tout bon, tout puissant, autheur, & la cause premiere de toutes choses. L'autre n'est ny voyable ny tangible, quand bien on seroit tout contre, à sçauoir le Ciel en sa rarité. La troisiesme, qui est le monde elementaire, comprenant tout ce qui est dessous la region etherée, s'apperçoit & cognoist par nos sentimens. Dieu au reste qui fut de toute eternité, & auec lequel auant la creation du monde rien n'estoit fors son propre nom, de luy seul cogneu, & sa Sapience; ce qu'il crea en premier lieu fut l'eau, en laquelle il mesla la terre, dont vint à se procréer puis apres tout ce qui a estre icy bas. Et en ces deux elemens espois & grossiers, perceptibles à nos sentimens, sont compris les deux autres plus subtils & rares, l'air & le feu: Estans tous ces quatre corps, si corps on les doit appeller, liez ensemble d'vn tel meslange, qu'ils ne se sçauroient parfaictement separer. Deux desquels sont fixes, à sçauoir la terre & le feu, comme estans secs & solides; & les deux autres volatils, l'eau & l'air, qui*

sont

sont humides & liquides : de maniere que chaque element conuient auec les deux dont il est borné & enclos ; & par mesme moyen en contient deux en soy ; l'vn corruptible, l'autre non, lequel participe de nature celeste. Et pourtant il y a deux sortes d'eaux ; l'une pure, simple & elementaire ; & l'autre la commune dont nous vsons, des lacs, puits, sources & riuieres ; pluyes, & autres impreßions de l'air. Il y a tout de mesme vne terre grossiere, orde & infecte ; & vne terre vierge crystalline, claire & luisante, contenuë & renclose au centre de tous les composez elementaires, où elle demeure reuestuë & couuerte de plusieurs enueloppes l'vne sur l'autre ; en sorte qu'il n'est pas bien facile d'y arriuer, que par vne caute & bien graduée separation par le feu. Il y a aussi vn feu qui se maintient presque de soy-mesme, & comme de rien ; si petite est la nourriture d[illegible]t il a besoin ; dont il vient à estre plus clair & lucide : & vn autre obscur, caligineux, bruslant & exterminant tout où il s'attache, & soy-mesme en fin. Vn air d'autrepart pur & net, auec vn autre corruptible fort de leger ; car de tous les elemens il n'y en a point de plus aisé à se corrompre que l'air. Toutes lesquelles substances ainsi contraires & repugnantes, meslées és corps elementaires, sont la cause de leur destruction. Parquoy il faut de neceßité que ce qui y est de pur & incorruptible soit separé de son contraire le corruptible & impur : Ce qui ne se peut faire que par le feu, qui est separatif & purificatif. Mais les trois elemens liquides, eau, air & feu, sont comme inseparables les vns des autres ; car si l'air estoit distrait d'auec le feu, le feu qui en a l'vn de ses principaux maintenemens

& pastures, s'esteindroit soudain : & si l'eau estoit separée de l'air, tout s'enflammeroit. Que si l'air estoit du tout attiré hors de l'eau, d'autant que par sa legereté il la tient aucunement suspenduë, tout en demeureroit submergé. De mesme si le feu estoit separé d'auec l'eau, tout seroit reduit en deluge. Ces trois elemens neantmoins se peuuent bien disioindre d'auec la terre, mais non pas du tout qu'il n'y en reste vne partie, pour donner consistance au corps, & le rendre tangible, par le moyen d'vne tres-subtile & deliée portion d'icelle qu'ils enleueront auec eux, hors de la crassitude grossiere qui demeure en bas; comme nous pouuons voir sensiblement au verre, qui par vn industrieux artifice du feu se dépure de l'opacité qui estoit és cendres, pour de là passer à vne clarté transparente, qui est de nature d'vn sel fixe & indissoluble; accompagnée d'vn ferme & solide espoississement, qui n'a point de transpiration ny de pores.

Mais pourquoy n'enfilerons-nous icy tout d'vn train ces tant belles meditatiōs Zoharines, puis que le tout depend d'vn mesme propos? Dieu *forma Adam du limon de la terre, ou selon l'Hebrieu, Dieu forma Adam pouldre de la terre*: lequel mot de Former appartient proprement aux potiers, qui façonnent de terre ce que bon leur semble. Et quant à la pouldre, c'est pour nous rabattre l'orgueil duquel nous nous pourrions enfler, quand nous nous ramenteurons ceste vile & corrompuë matiere dont nous sommes faits quant au corps; qui n'est autre chose que bouë & fange. Considere don-

Genes. 2.

ques trois choses, dit le Zohar, & tu ne tomberas point en transgression. Recognois dont tu es venu, d'vne si orde & salle estoffe: où tu dois en fin retourner; en pouldre, vers, & pourriture: & deuant qui tu as à rendre compte & raison de tes actions & comportemens; qui est le Iuge souuerain Roy de tous, qui ne laisse nul méfaict impuny, ny aucun bien-faict irrecompensé. Adam donques fut fait, auecques toute sa posterité, de la pouldre terrestre, qui auoit desia esté humectée de ceste fontaine ou vapeur qui auoit esté enleuée enhault des raiz du soleil, pour en arrouser la terre, & la destremper. Car la terre estant de soy seche & froide, est du tout sterile & infructueuse, s'elle n'est empreignée d'humide & chaleur, dont prouient la fecondité. De maniere qu'Adam fut basty de terre & eau meslées ensemble; ces deux elemens denotans double faculté en luy, & double formation; l'vne du corps pour le regard de ce siecle; & l'autre de l'ame en l'autre monde. L'eau denote la celeste meditation où nostre esprit se peut esleuer; & la terre immobile de soy, & qui ne peut iamais bouger d'embas, ne se mesle pas volontiers auec les autres trois elemens volatils, à cause de son extreme secheresse, ains ne fait que se rendurcir à l'action du feu, & s'y rendre plus rebourse & intraictable, par l'esprit de contradiction dur & refractaire de la chair contre l'esprit; si qu'elle reiecteroit l'eau qu'on y cuideroit inserer, si ce n'estoit

moyennant la subtile humidité de l'air qui y interuient, & s'y mesle, la penetrant par ses plus menuës parties: lequel estant empreint dans l'eau, contraint la terre de s'en empaster, & l'enclorre en soy, comme si elle le vouloit detenir prisonnier; & par ce moyen en demeure enceinte comme la femelle du masle; car toute chose superieure en ordre & degré tient lieu de masle enuers celle qui luy est inferieure & subiecte. Que si l'air s'en absente, qui les associe & vnit ensemble, cõme en estant suppedité & banny, humide & chauld qu'il est, de l'extreme secheresse & froideur de la terre, elle se parforcera de tout son pouuoir de reiecter l'eau, & se reduire à son premier desseichement; ainsi qu'on peut apperceuoir au sable, qui iamais ne receura d'eau qu'elle ne s'en separe aussi tost. Par ainsi la terre est tousiours rebelle & contumace de soy à se ramollir, soit par l'eau, par l'air, par le feu. Et de ceste sorte fut introduit en Adam l'esprit de contradiction & desobeïssance, par le moyen de la terre dont il auoit esté formé; comme sa compagne & luy le monstrerent, quand à la suggestion du serpent, le plus terrestre animal de tous autres, ils contreuindrent si legerement à l'extreme defense qui leur auoit esté faite de ne taster du fruict de science de bien & de mal. Pour punition dequoy il est dit au
Genes. 3. serpent; *Tu mangeras la terre tous les iours de ta vie:* Ce qu'Isaïe resume au 65. *Puluis panis tuus.* Et à Adam, que la terre ne luy produiroit qu'espines,

ronces & chardons; au moyen dequoy s'il en vouloit viure, il falloit qu'il la cultiuast à la sueur de son visage, iusqu'à ce qu'il retournast en elle, dont il auoit esté tiré; car estant de pouldre, il deuoit retourner en pouldre. Mais l'eau qui denote les diuines speculations, desirant se mesler & vnir auec toutes choses, à qui elle donne commencement, & les fait croistre & multiplier, est comme vn vehicule ou vestement de l'esprit, suyuant ce qui est dit tout à l'entrée de la creation, que l'esprit de Dieu estoit espandu sur les eaux, ou comme le mot Hebrieu de *marachephet* le porte, voltigeant au dessus d'icelles, & les fomentant & viuifiant, ainsi qu'vne poulle fait ses poulcins, de sa chaleur connaturelle: Car le mot d'*elohim* importe ie ne sçay quoy de chaleur & igneité. Par l'eau donques l'esprit docile & obeïssant aux semonces de l'intellect, s'insinua dedans Adam; & par la terre le refractaire & opiniastre, qui regimbe contre l'esperon. Car comme la terre soit le plus ignoble element de tous autres, l'eau la reiecte & dedaigne, ne pouuant compatir auec elle, ainsi qu'à vne lie & excrement; si que l'esprit pur & net demeura dans l'eau, où il esleut sa residence. Car des trois natures de terre, l'eau pour le moins ne se ioint iamais auec les deux, à sçauoir le sable pour son extreme secheresse, qui cause sa discontinuation de parties; & l'argille, pour estre grasse & onctueuse. Il n'y a que le seul limon, auec lequel quelque empastement & meslange qu'il

s'en puisse faire, l'eau à la parfin le laisse resider en bas, & luy surnage; comme estans de contraire nature : l'vne du tout immobile, solide & compacte; & l'autre fluide; se remuant, & coulant ainsi que le sang par les veines, auquel resident les esprits, qui se peuuent facilement esleuer pour estre de qualité ignée, tendant tousiours encontremont. Tellement que l'eau qui denote l'esprit interieur, tasche de se despoüiller de ceste coagulation externe; car toute coagulation est vne espece de mort; & la liquorosité, de vie; & ne s'y voudroit iamais plus rassocier, ny s'en reuestir à cause de sa contumacité, si ce n'estoit que le souuerain maistre & seigneur *Adonai* par sa prouidence, pour la propagation des choses, tant qu'il luy plaira maintenir en son estre ce bel ouurage de ses mains, contraint ces deux, terre & eau, de s'accorder aucunement par son Ange & ministre qui preside à l'air. L'homme au reste a pardeuers luy son arbitre franc & libre en
Genes. 4. son plain pouuoir & disposition; *L'appetit du peché sera soubs toy; & auras la domination sur luy.* Que s'il est adherant à la terre, c'est à dire aux charnels de-
Genes. 8. sirs & concupiscences, où il est le plus incliné, il ne fera iamais que mal : Si à l'esprit designé par
Psalm. 64. l'eau, tout son fait ira bien : *Flumen Dei repletum est aquis.* & au 44. d'Isaïe : *Ie respandray des eaux sur celle qui aura soif; & des riuieres sur celle qui se trouuera seche & aride. Ie respandray mon Esprit sur sa semence, & ma benediction sur sa lignée.* Si que tant que l'eau

compatist & demeure vnie auec la terre, le bon esprit reste auec l'homme; dont nous sommes admonestez par le Sage és Prouerbes 5. *de boire l'eau de nostre cisterne, & les ruisseaux qui decoulent de nostre puits.* Mais quand la terre par sa rebelle & repugnante secheresse reiecte l'eau, il n'y demeure que sa dure obstination refractaire; iusqu'à ce que par le moyen de l'air, l'esprit qui les ioint & vnist ensemble, (ce sont les sainctes inspirations,) elle se soit de nouueau ramollie & destrempée: au moyen dequoy quand nous auons ce bon esprit d'eau salutaire, dont il est escrit en l'Ecclesiastique 15. *Aqua sapientiæ salutaris potabit illum*; il nous faut garder de la reiecter, & nous rendre du tout terre seche & sablonneuse, *quæ non satiatur aqua*; & ne produit rien pour cela. Mais tout nous en est plus apertement exprimé en l'Euangile, où par le moyen de ceste eau viue fructifiante, nostre SAVVEVR, qui est la source intarissable, le SAINCT ESPRIT se vient introduire en nos cueurs, qui destrempe la dureté de nostre terre, & l'arrouse & courroye pour produire des fruicts meurs de bonnes & charitables œuures. (*L'eau que ie vous donneray*, dit-il, *sera faite vne fontaine reiaillante en vie eternelle.*) De ceste eau les Prophetes en auoient clairement parlé; comme Dauid au 35. *Quoniam apud te est fons vitæ; & in lumine tuo videbimus lumen.* Voyez comme il ioint l'eau auec la lumiere, qui est le feu; si que ceste digression semblera moins impertinente. Et au

Prouerb. 30.

S. Iean 4.

12. d'Isaïe : *Vous puiserez des eaux en ioye, des fontaines du salutaire.* Plus en Ieremie 2. *Ils m'ont delaissé, moy qui suis la fontaine d'eau viue, pour se creuser des cisternes creuées, qui ne peuuent tenir les eaux.*

En ce que dessus du Zohar sont compris les principaux secrets & actions du feu, & mesmement en son contraire & patient qui est l'eau ; *Nam actus actiuorum in patientis sunt dispositione*, dit le Philosophe ; car les effects ne se sçauroient mieux discerner, que où ils agissent. Le feu au reste a trois proprietez ; mais il faut en cest endroit reprendre la chose de plus hault.

Comme donques tout ce qui est, soit departy en trois qu'on appelle mondes, ou cieux (il ne faut pas trouuer estrange si nous repetons cela plus que d'vne fois, car delà dependent toutes les secrettes sciences) l'elementaire à sçauoir icy bas, subiect à vne perpetuelle alteration & vicissitude de vie & de mort : le celeste là hault au dessus du cercle de la lune, incorruptible quant à soy, tant pour sa pureté, & vniformité de substance, que pour son continuel & egal mouuement, rien n'y predominant l'vn sur l'autre : lesquels deux constituent ce monde sensible : Il y a puis-apres l'intelligible, abstrait de toute corporeïté & matiere, que l'Apostre appelle le troisiesme ciel, où il fut rauy, ce dit-il, si ce fut en corps, ou hors d'iceluy, Dieu le sçait : car non seulement le monde & le ciel sont mis l'vn pour l'autre, mais le ciel encor pour l'homme ;

Cæli enarrant gloriam Dei, selon que l'interpretent la plusspart des Peres : & l'homme au reciproque pour le ciel ; comme met Origene au 25. traicté sur sainct Mathieu. *Le cueur de l'homme moralement est appellé ciel, & le thrône, non ia de la gloire de Dieu, comme est le temple, mais de Dieu propre. Car le temple de la gloire de Dieu est celuy auquel comme en vn miroir nous voyons par enigme ; mais le ciel qui est par dessus ce temple de Dieu où est son thrône, est tout ainsi que de le voir face à face.* Ce qu'il a presque transcrit mot à mot du liure d'Abahir au Zohar, & autres anciens Cabalistes, dont il consiste la plus grand' part. Il y a de plus, que les Cieux sont quelquefois mis pour Dieu mesme ; comme au 32. du Deuter. *Audite cæli quæ loquor* : & au 8. chap. du 3. des Roys, selon la verité Hebraïque, en l'Oraison du Roy Salomon en la dedicace du Temple; *Exaudi ô cælum.* En ce troisiesme ciel ou monde dont parle l'Apostre, encore que Dieu soit par tout, neantmoins le siege de sa diuinité est là plus specialement estably que non pas ailleurs, auecques ses Intelligences separées qui luy assistent pour executer ses commandemens. *Benissez le Seigneur ; tous ses Anges puissans en vertu, qui faites ce qu'il vous ordonne, oyant la voix de ses paroles.* Parquoy les Theologiens l'appellent le monde Angelique, hors de tout lieu, & de tout temps ; que Platon en son Phedre, dit n'auoir onques d'homme mortel esté assez conuenablement celebré selon son excellẽce & dignité ; estant tout de lumiere, qui delà s'espand & deriue ainsi que d'vne inexpuisable source en toutes sortes de creatures, selon mesme que le portoit l'ancienne Theologie Phenicienne, que l'Empereur Iulian le Parabate allegue en son Oraison au Soleil; *Que la lumiere corporelle procede d'vne incorporelle nature.* LE MONDE celeste participe de tenebres, & de lumiere, dont luy prouiennent toutes ses facultez & vertus qu'elle luy apporte. ET l'elementaire est tout de tenebres, designé pour raison de son instabilité par l'eau, l'intelligible par le feu, à cause de sa pureté & lumiere: & le celeste par l'air, où le feu & l'eau se viennent conioindre. La terre à ce compte demeureroit pour les enfers, comme à la verité ceste habitation terrienne n'est qu'vn vray enfer. Mais Moyse par le Ciel a entẽdu le monde intelligible, & par la terre le sensible: attribuant les deux plus hault esleuez elemens, air, & feu, au ciel, pource qu'ils tendent tousiours contremont; & à la terre l'eau & la terre, qui pour leur pesanteur s'agrauẽt en bas. Mais tout cela a esté de luy encore plus mystiquement adombré, comme le monstre le Zohar, par l'admirable construction de son tabernacle, dont il n'y a rien de plus spirituel; l'or, l'argent, & les pierreries dont il estoit composé, representans le monde sensible: & le Bezeleel qui fut le conducteur de l'œuure, l'intelligible, & l'ouurier; remply d'vn esprit diuin, de sapience, intelligence, sçauoir, & toute la plus accomplie doctrine; comme presque le mot le porte, tiſſu de *Bezel* ombre, & *El* Dieu.

Les Poëtes prophanes ont party le monde ſenſible en trois, car ils ne ſe ſont pas tant ſouciez de penetrer à l'intelligible; & aſſigné la ſuperieure portion d'iceluy depuis ce cercle de la lune en ſus, à Iupiter; la baſſe terreſtre à Pluton; & la moyenne, qui eſt depuis la terre, à la Lune, à Neptune; que les Platoniciens appellent la vertu generatrice, à cauſe de l'humidité empreignée de ſel qui prouoque fort à generatiõ, ſelon que le mot de *ſalacitas* le deſigne; comme met Plutarque queſtion 4. des cauſes naturelles, & au traicté d'Oſiris. C'eſt pourquoy les meſmes Poëtes attribuent vne plus feconde lignée audit Neptune, qu'à nul autre de tous leurs Dieux.

Chacvn de ces trois mondes au reſte a particulierement ſa ſcience, laquelle eſt double; l'vne vulgaire & triuiale; & l'autre myſtique & ſecrette. Le monde intelligible a noſtre Theologie, & la Caballe; le celeſte, l'Aſtrologie, & la Magie; & l'elementaire, la Phyſiologie, & l'Alchimie; qui reuele par les reſolutions & ſeparations du feu, tous les plus cachez & occultes ſecrets de nature, és trois genres des compoſez: *Compoſitionem enim rei aliquis ſcire non poterit, qui deſtructionem illius ignorauerit*, dit Geber. Mais ces trois diuines ſciences ont eſté par la deprauation des ignorans & malins eſprits, détournées en vn deſcriement, qu'à peine en oſeroit-on parler, ſi l'on ne veut quant & quant encourir le bruit d'eſtre vn atheiſte, ſorcier, & faux-monnoyeur. Nous disons donques apres Empedocle, & Anaxagoras: *Singula hæc nostra ratio disputat per iter compositionis & resolutionis, vltrò citrò, susque déque gradiens.* Que toute la science elementaire consiste en la mixtion & separation des elemens; ce qui se parfait par le feu, auquel verse du tout l'Alchimie; comme le declare bien apertement Auicenne en son traicté de *l'Almabad*, ou diuision des sciences: Et Hermes en celuy des sept chapitres; *Intelligite, filij sapientum, quatuor elementorum scientiam, quorum occulta apparitio nequaquam significatur nisi priùs diuidantur, & componantur; quia ex elementis nihil fit vtile absque tali regimine: nam vbi natura desinit suas operationes, ibi ars incipit.* Prenez tel composé elementaire que vous voudrez, herbe, bois, ou autre semblable, surquoy le feu puisse exercer son action; & le mettez en vn alembic ou cornuë; Premierement s'en separera l'eau, & puis l'huille, si le feu est moderé: Si plus pressé & renforcé, toutes deux ensemble; mais l'huille surnagera à l'eau, qui s'en separera bien aisément par vn entonnoir de verre. Ceste eau est dite le Mercure, lequel de soy est pur & net; & l'huille le soulphre adustible & infect, qui corrompt tout le composé. Au fonds du vaisseau resteront les cendres, desquelles par vne forme de lexiue auec l'eau s'en extraira le sel, que l'eau & l'huille couuroient au precedent, apres que vous en aurez retiré l'eau par le bain Marie, comme on l'appelle; car les onctuositez oleagineuses ne montent pas par ce degré de feu; ny le ſel non plus, ains moins encore; & les terres indiſſolubles priuées de toutes leurs humiditez, propres à ſe vitrifier. *Omne enim priuatum propria humiditate nullam niſi vitrificatoriam præſtat fuſionem*, dit Geber. Ainſi il y a deux elemens volatils, les liquides à ſçauoir, eau & air, qui eſt l'huille; car toutes ſubſtances liquides de leur nature fuyent le feu, qui en eſleue l'vne, & bruſle l'autre: Mais les deux qui ſont ſecs & ſolides, non; qui ſont le ſel, auquel eſt contenu le feu; & la terre pure qui eſt le verre: Sur leſquels le feu n'a plus d'action que de les fondre & affiner. Voila les quatre elemens redoublez, comme les appelle Hermes; & Raymond Lulle les grands elemens. Car tout ainſi que chaque element conſiſte de deux qualitez, ces grands elemens redoublez, Mercure, ſoulphre, ſel, & verre, participent de deux elemens ſimples, ou pour mieux dire de tous les quatre, ſelon le plus & le moins des vns & des autres; le Mercure tenant plus de l'eau, à qui il eſt attribué; l'huille, ou le ſoulphre, de l'air; le ſel, du feu; & le verre, de la terre, qui ſe retreuue pure & nette au centre de tous les compoſez elementaires; & eſt la derniere à ſe reueler exempte des autres. De ceſte ſorte par artifice & l'operation du feu, & de ſes effects, nous depurons toutes infections & ordures, iuſqu'à les reduire à vne pureté de ſubſtance incorruptible deſormais, par la ſeparation de leurs impuritez inflammables & terreſtres; *Tota enim intentio operantis verſatur in hoc*, dit Geber, *vt groſsioribus partibus abiectis, opus cum leuioribus perficiatur*; Qui eſt de monter des corruptions d'icy bas, à la pureté du monde celeſte, où les elemens ſont plus purs & eſſentiels; le feu y predominãt, qui l'eſt le plus de tous les autres. VOILA quant à l'Alchimie; & en quoy elle verſe.

LA MAGIE pour le monde celeſte, eſtoit iadis vne ſcience ſaincte & venerable, que Platon dedans ſon Charmide appelle la vraye medecine de l'ame. Et au prem. Alcibiade il met, qu'elle ſe ſouloit enſeigner aux aiſnez des grands Roys de Perſe, pour leur apprendre à reuerer Dieu, & former leur domination temporelle ſur le patron de l'ordre & police de l'Vniuers. Mais ce n'eſt proprement qu'vne forme de mariage du ciel eſtellé, comme dit Orphée, auec la terre, où il darde ſes influences, dont elle ſ'empreigne, prouenans des intelligences qui y aſſiſtent: & vne application des vertus agentes aux paſſiues, pour produire des effects admirables ſurpaſſans le commun ordre de nature: & ce ſans la cooperation des demons, la pluſpart malins, faulx & deceptifs; les vns toutefois plus que les autres: auec leſquels il n'eſt pas à croire que ces trois ſages Roys & Mages qui vindrent de ſi loing adorer IESVS-CHRIST, euſſent voulu auoir aucune accointance & commerce.

LA troiſieſme eſt celle qu'on appelle Cabale ou reception, parce qu'on ſe la delaiſſoit verballement, & à bouche de main en main les

vns aux autres. Elle est departie en deux; l'vne de *beresith*, c'est à dire de la creation, qui consiste au monde sensible; où Moyse s'est arresté, sans parler de l'intelligible, ny des substances separées. L'autre est de *mercauah*, ou thrône de Dieu, que traicte principalement Ezechiel, dont la vision est presque toute de feu; tant est cest element par toute l'escriture saincte approprié à la diuinité, comme l'vn de ses plus parfaits & proches symboles & marques és choses sensibles; par le moyen desquelles nous sommes esleuez ainsi que par l'eschelle de Iacob, & la chaine d'or en Homere, à la cognoissance des spirituelles & intelligibles: *Inuisibilia enim Dei à creatura mundi per ea quæ facta sunt intellecta conspiciuntur, sempiterna quoque eius virtus & diuinitas.* Aux Rom. pr.
Car le monde auec les creatures y estans, sont ainsi comme vn portrait de Dieu; *per creaturam enim creator intelligitur*, dit sainct Augustin. Car Dieu a fait deux choses à son image & ressemblance, selon Trismegiste; le monde pour s'y esbattre & resiouïr d'infinis beaux chefs-d'œuure: & l'homme où seroit toute sa plus singuliere delectation & plaisir. Ce que Moyse a tacitement exprimé en Gen. 1. & 2. là où quand il a esté question de créer le monde, ciel, terre, vegetaux, mineraux, animaux, soleil, lune, estoilles, & tout le reste; il n'a fait seulement que le commander de parole; *Quoniam ipse dixit, & facta sunt; ipse mandauit, & creata sunt:* Pseau. 32. mais en la formation de l'homme il y insiste bien d'auantage

qu'en tout le reste : *Faisons*, dit-il, *l'homme à nostre image & semblance*. Il le crea masle & femelle, & le forma pouldre de la terre, puis souffla *en sa face l'esprit de vie, & il fut fait en ame viuante*. En quoy sont touchées quatre ou cinq particularitez. Ainsi le remarque Cyrille. Tout de mesme donques que l'image de Dieu est le monde, l'image du monde c'est l'homme ; y ayant telle relation de Dieu auec ses creatures, qu'ils ne se peuuent bien comprendre, sinon reciproquement l'vn par l'autre. Car toute la nature sensible, comme met le Zohar, au regard de l'intelligible, est ainsi que de la lune enuers le soleil, qui y reuerbere sa clarté : ou de mesme que la lueur d'vne lampe ou flambeau, dont part la flamme attachée au lumignon, qui en est nourrie d'vne crasse matiere, visqueuse, adustible, sans laquelle ceste splendeur & lumiere ne se sçauroit communiquer à nostre veuë, ny nostre veuë l'apprehender. En semblable la gloire & essence de Dieu, que les Hebrieux appellent *sequinah*, ne se peut apperceuoir qu'en la matiere de ce monde sensible, qui en est comme vn patron & image. Et c'est ce que Dieu dit à Moyse au 33. d'Exode : *Facies meas videre non poteris, posteriora videbis*. La face de Dieu est sa vraye essence au monde intelligible, *quam nemo vidit vnquam*, fors le Messihe, dont il est escrit au Pseau. 15. *Prouidebam Dominum in conspectu meo semper*. Et ses parties posterieures sont ses effects au monde sensible. L'ame de mesme ne se

peut

peut discerner & cognoistre que par les fonctions qu'elle exerce au corps, pendant qu'elle y est annexée : dont Platon auroit esté meu d'estimer que les ames ne pouuoient consister sans corps, non plus que le feu sans matiere ; si qu'apres de longues reuolutions de siecles elles reuenoient derechef à s'incorporer icy bas : à quoy adhere aussi Virgile au 6. de l'Eneide,

Has omnes vbi mille rotam voluêre per annos,
Lethæum ad flumen Deus euocat agmine magno,
Scilicet immemores supera ut conuexa reuisant,
Rursus & incipiant in corpora velle reuerti.

Mais cela sent vn peu sa Palingenesie, & Metempsychose Pythagoricienne : dont ne s'est pas non plus destourné Origene, comme on peut voir en son περὶ ἀρχῶν, des principes, & en l'epistre de S. Hierosme à Auitus. Trop plus sincerement Porphyre, bien qu'au reste vn impie, aduersaire, calomniateur du Christianisme; que pour la parfaicte beatitude des ames il leur faut euiter & fuir tout corps: Tellement que quand l'ame aura esté bien repurgée de toutes ses affections corporelles, & qu'elle retournera à son Createur en sa premiere simplicité, elle n'a plus d'enuie de renchoir és maux & calamitez de ce siecle, quand bien l'option luy en auroit esté libre delaissée.

S. Aug. liu. 22. ch. 26. de la Cité de Dieu.

DV MONDE donques intelligible decoule dedans le celeste, & delà à l'elementaire, tout ce que l'esprit humain peut atteindre de la cognoissance des admirables effects de nature, que l'art imite en ce qu'elle peut. Dont par la reuelation de ses beaux secrets, par l'action du feu la pluspart, se manifeste la gloire & magnificence de celuy qui en est le premier motif & autheur. Car l'entendement humain, selon Hermes, est comme vn miroir, où se viennent racueillir & rabattre les clairs & lumineux rayons de la Diuinité; representée à nos sentimens par le soleil là hault, & le feu son correspondant icy bas; lesquels enflamment l'ame d'vn ardent desir de la cognoissance & veneration de son Createur; & par consequent de l'amour d'iceluy, car lon n'aime que ce qu'on cognoist.

AINSI chacun de ces trois mondes, qui ont leurs sciences particulieres, a aussi son feu, & son sel à part; lesquels deux se rapportent, à sçauoir le feu au ciel de Moyse; & le sel, pour sa ferme consistance & solidité, à la terre. Qu'est-ce que le sel? demande vn des Philosophes chimiques: Vne terre arse & bruslée, & vne eau congelée par la chaleur du feu potentiellement y enclos. Le feu au reste est l'operateur d'icy bas és œuures de l'art, de mesme que le soleil ou feu celeste l'est en ceux de la nature: Et en l'intelligible le SAINCT ESPRIT, des Hebrieux dit *Binah*, ou intelligence, que l'Escriture designe ordinairement par le feu. Et ce feu spirituel ou esprit ignée, auec le *Chohmah*, le Verbe ou la Sapience attribuée au FILS (*omnium artifex me docuit Sapientia*) sont les operateurs du PERE; *Verbo*

Sap. 7.

Domini cæli firmati sunt, & spiritu oris eius omnis ornatus eorum. Dequoy ne s'esloigne pas fort ceste maxime des Peripateticiens ; *Omne opus naturæ est opus intelligentiæ.* Pseau. 33.

VOILA les trois feux desquels nous pretendons parler ; dont il n'y a rien de plus commun entre nous que l'elementaire d'icy bas, grossier, composé, & materiel, c'est à dire, tousiours attaché à quelque matiere : ny d'autre-part qui soit moins cogneu ; ce que c'est de luy, d'où il vient, & où il s'en va, redeuenant à rien tout à vn instant, si tost que son nourrissement luy default ; sans lequel il ne peut consister vn seul moment, ains s'en va comme il est venu, estant tout en la moindre de ses parties : Si qu'il se peut en moins de rien multiplier en infiny ; & en moins de rien s'aneantir : car vne petite bougie allumera tant qu'on voudra des plus grands feux qu'on se sçauroit imaginer, sans pour cela rien perdre ne diminuer de sa substance.

Mille licet capiant, deperit inde nihil. Et en S. Iacques 3. *Paruus ignis quàm grandem succendit materiam !* Voire vne seule petite estincelle esprendroit de feu en vn cil d'œil, tout ce creux immense de l'Vniuers, s'il estoit remply de pouldre à canon, ou de naphte, & puis aussi tost s'esuanouïroit : De sorte que de tous les corps il n'y a rien qui approche plus de l'ame que fait le feu, comme dit Plotin. Et Aristote au 4. de la Metaphysique met, que iusqu'à son temps la plus grand' part des Philosophes n'auoient pas bien cogneu le feu, ny l'air non plus, pour n'estre point perceptibles à nostre veuë & sentiment. Mais on pourroit dire de mesme, que ny Aristote, ny les autres Grecs de son temps ne cogneurent pas gueres bien le feu, & ses effects, pour le moins si exactement qu'ont fait si long temps apres, les Arabes par l'Alchimie, dont toute la cognoissance du feu depend. Les Egyptiens le disoient estre vn animal rauissant & insatiable; qui deuoroit tout ce qui prend naissance & accroissement; & en fin soy-mesme, apres qu'il s'en est bien peû & gorgé, quand il n'a plus dequoy se repaistre & nourrir; parce que ayant chaleur & mouuement, il ne se peut passer de nourriture, & d'air pour y respirer; si qu'à faute de ce il demeure en fin amorty, auec ce dont il s'estoit peû. Toutes choses propres aux substances animées, & qui ont vie; car la vie est tousiours accompagnée de chaleur & de mouuement; lequel procede de la chaleur, plustost que la chaleur du mouuement, combien qu'ils soient reciproques; car l'vn ne peut estre sans l'autre. Mais Suidas forme là dessus vne telle contradiction: Que non tant seulement les animaux, ains tout ce qui prend nourriture & accroissement, tend à certain but; où estant paruenu il s'arreste sans passer outre: là où ny la nourriture, ny l'accroissement du feu ne sont point limitez ne determinez; car tant plus on luy en administre, tant plus en voudra-il auoir, & s'en accroistra tousiours d'auantage. Parquoy l'vn ny l'autre ne se peuuent point limiter, comme font ceux des animaux; Dont par consequent il ne doit estre mis de leur rang. De sorte que le mouuement du feu se deura plustost appeller generation que nourriture ny croissance;car il n'y a que ce seul element qui se nourrisse & accroisse. Es autres ce qui y redonde est par apposition, comme si vous adioustiez de l'eau à de l'eau, ou de la terre à de la terre: vous ne ferez pas de mesme au feu, pour le cuider aggrandir, en y adioustant d'autre feu, ains par vne apposition de matiere sur laquelle il puisse mordre, & exercer son action, comme bois & autres semblables, qui par sa force se conuertissent en sa nature: & ainsi il s'augmente & accroist. Les fictions Poëtiques portent que Promethée l'alla desrober dans le ciel pour en accommoder les mortels; dont il fut si griefuement puny par les Dieux, que de demeurer par trente ans attaché à vne roche du mont de Caucase, où vn vaultour luy deuoroit assiduellement ses entrailles, qui renaissoient à tour de roolle. Mais est-il à croire que les Dieux qui sont si bien-vueillans & affectionnez enuers le genre humain, luy eussent voulu desnier ceste si necessaire portion de nature, sans laquelle la condition de leur vie seroit pire que des bestes brutes; tant pour la cuisson des viandes, que pour se reschauffer & secher, & infinies autres commoditez necessaires? Outre-plus, de ce qu'il tend tousiours ainsi contremont, comme estant d'vne origine celeste, où il aspire de retourner, il semble qu'il appartienne proprement à l'homme.

Pronáque cùm spectent animalia cætera terram,
Os homini sublime dedit, cælúmque videre
Iussit, & erectos ad sydera tollere vultus.

Tous les autres animaux presque refuyent le feu. Dont Lactance voulant monstrer l'homme estre vn animal diuin, allegue pour vne des plus pregnantes raisons, que luy seul entre tous les autres vse du feu. Et Vitruue liure 2. met que les premieres accointances des hommes se contracterent à se venir chauffer à de communs feux. Tellement que ce que les Dieux enuierent le feu aux hommes, deuoit estre, pource que par le moyen d'iceluy ils sont venus à penetrer dans les plus profonds & cachez secrets de nature; de laquelle on ne peut bonnement descouurir & cognoistre les manieres de proceder, tant elle opere ratierement; sinon que par son contrepied, que les Grecs appellent διάλυσις, la resolution & separation des parties elementaires, qui se fait par le feu; dont procede l'execution de tous les artifices presque que l'esprit de l'homme s'est inuenté: si que les premiers n'auoient autre instrument & outil que le feu, comme on a peu voir modernement és descouuertes des Indes Occidentales. Homere en l'Hymne de Vulcain met, qu'iceluy assisté de Minerue enseignerent aux humains leurs artifices & beaux ouurages; ayans auparauant accoustumé d'habiter en des cauernes & rochers creux, à guise des bestes sauuages: Voulant inferer par Minerue la Deesse des arts & sciences, l'entendement & industrie; & le feu par Vulcain, qui les met à execution. Parquoy les Egyptiens auoient de coustume de marier ces deux Deitez ensemble; ne voulans par là denoter autre chose, sinon que de l'entendement procede l'inuention de tous les arts & mestiers; que le feu puis-apres effectuë, & met de puissance en action: *nam agens in toto hoc mundo non est aliud quàm ignis & calor*, dit Iohannicius. Et Homere,

ὃν Ἥφαιστος δέδαεν, καὶ Παλλὰς Ἀθήνη.

Qui fut la cause, comme on peut voir dans Philostrate en la naissance de Minerue, qu'elle quitta les Rhodiens, parce qu'ils luy sacrifioient sans feu, pour aller aux Atheniens. Vulcain au reste, selon Diodore, fut vn quidam, lequel de l'accident d'vn coup de fouldre, dont vn arbre auoit esté embrasé, reuela le premier aux Egyptiens la commodité & vsage du feu. Car estant suruenu là dessus, tout esioüy de sa lumiere & de sa chaleur, il y adiousta d'autre matiere pour l'entretenir, pendant qu'il s'en alla querir le peuple; qui depuis pour raison de ce le deïfia. A quoy se conforme Lucrece:

Illud in his rebus tacitus ne fortè requiras:
Fulmen detulit in terras mortalibus ignem
Primitus; inde omnis flammarum diditur ardor.

Les Grecs l'attribuent à Phoroneus; & mettent que ce fut pres d'Argos, Que le feu estant tombé du ciel là endroit, il y fut depuis gardé dedans vn temple d'Apollon. Que si d'auenture il se venoit à esteindre, ils le rallumoient de nouueau des raiz du soleil: comme aussi on faisoit à Rome celuy des Vestales: & en Perse leur feu sacré, qu'ils portoient ordinairement où le Roy marchoit en personne, le reuerans singulierement pour le respect du soleil qu'ils adoroient sur toutes autres Deïtez; car ils estimoient qu'il en fust icy bas l'image. Ils le portoient (dy-ie) en grand' pompe & solennité, sur vn magnifique chariot, attellé de quatre grands coursiers blancs, & suiuy de 365. ieunes Ministres, autant qu'il y a de iours en l'an que descrit le soleil par son cours; habillez de iaune doré, couleur conforme à la lueur du soleil, & au feu; chantans des hymnes à leur loüange. Et n'y auoit point enuers eux de crime plus capital & irremissible que de ietter quelque cadauer ou autre immondice dedans, ou de le souffler auec son haleine, de peur de l'en infecter, ains ne le faisoient qu'éuenter: car en tout cela il n'y alloit pas moins que de la vie; comme de l'esteindre d'autre part dans l'eau. De maniere que si quelqu'vn auoit perpetré quelque grief forfait, pour en obtenir sa grace & pardon, le plus prompt expedient en estoit, selon que met Plutarque en son traicté du premier froid, de s'aller mettre en vne eau courante auecques du feu en la main, menaçant de l'esteindre en l'eau, si on ne luy octroyoit sa requeste: mais apres l'auoir obtenuë, il ne laissoit d'estre d'estre puny, non de son méfaict, mais pour l'impieté qu'il auoit seulement pourpensé de commettre. Et delà est venu ce commun prouerbe mentionné dedans Suidas; *Persa sum, parentibus Persicis natus. Persáne indigena? Vtique, domine. Ignem autem inquinare est nobis saeua morte acerbius.* Mais tout ce qui se peut faire du feu, & par le moyen d'iceluy, n'a pas encore esté reuelé, ny cogneu des hommes. Y a-il rien de plus admirable que la pouldre à canon; si aisée à faire; & ne consistant que de si peu d'ingrediens si vulgaires, soulphre, salpetre, & charbon? Lesquels semblent auoir esté mystiquement designez des Egyptiens par ces trois puissances celestes, dont ils alleguoient les tonnerres, esclairs, & fouldres estre conduites & gouuernées; Iupiter, Vesta, & Vulcain; par Vulcain le soulphre: par Iupiter le salpetre, qui est fort aëreux & venteux, comme met Raymond Lulle, qui en auoit assez cogneu & la nature, & les effects, s'il les eust voulu descouurir: & le charbon par Vesta; tant pour la terrestreité dont il est, que pour estre fort incorruptible; se pouuant garder plusieurs milliers d'années dans la terre sans s'y alterer ne gaster: ce qui fut cause d'en faire mettre vn lict & estage és fondemens du temple de Diane en Ephese. Le salpetre est approprié à l'air, pource qu'il est comme vne moyenne disposition de nature entre l'eau de la mer, & le feu ou soulphre dont il participe entant qu'il est si inflammable; & est salsugineux, d'autre-part, ſe reſoluant à l'humide, & dans l'eau comme font les ſels, deſquels il a l'amertume & acuité. Et tout ainſi que l'air enclos & retenu dans des nuées ſe rompt & eſclate en vne impetuoſité de tonnerre; de meſme fait le ſalpetre: le ſoulphre eſt ce qui cauſe les eſclairs. Mais cela viendra plus à propos cy-apres és ſels. Qui ſçaura au reſte baſtir vne pouldre compoſée de certaines proportions de ſoulphre & de ſalpetre; & au lieu du charbon de l'immondice terreſtre de l'antimoine, qui s'en ſepare par de frequentes & reïterées ablutions d'eau tiede, pourra paruenir à vn feu artificiel, non à dedaigner; d'vne pouldre qui ne fera que fort peu de bruit; vray eſt que non ſi impetueuſe & d'vn tel effort comme eſt la commune. Au regard de l'inuention de la pouldre à canon, les Relations de la Chine portent, que par leurs anciennes Chroniques il ſe trouue qu'il y a plus de quinze cens ans qu'ils en ont l'vſage; comme auſſi de l'Imprimerie. Roger Bacchon fameux Philoſophe Anglois, qui a eſcrit il y a plus de trois cens ans, en ſon liure de l'admirable puiſſance de la nature & de l'art, met qu'auec certaine compoſition imitant les fouldres & tonnerres, Gedeon ſouloit eſpouuanter les ennemis. Et encore que cela ne ſoit pas formellement comme il eſt eſcrit au 7. des Iuges, ſi l'a-il dit neantmoins plus de ſix vingts ans deuant la diuulgation de la pouldre à canon. Voicy ſes mots: *Praeterea poſſunt fieri lumina perpetua, & balnea ardentia ſine fine; nam multa cognouimus quæ non comburuntur, sed purificantur. Præter verò hæc sunt alia stupenda naturæ & artis: nam soni velut tonitrui possunt fieri in aëre, imò maiori horrore quàm illa quæ fiunt per naturam. Et modica materia adaptata ad quantitatem vnius pollicis, sonum facit horribilem, & coruscationem ostendit vehementem. Et hoc fit multis modis, quibus omnis ciuitas & exercitus destruatur, ad modum artificij Gedeonis, qui lagunculis fractis, & lampadibus igne saliente cum fragore ineffabili, Madianitarum destruxit exercitum, cum trecentis duntaxat hominibus.* Ce pouuoient estre des grenades, & pots à feu: Et au reste rien ne sçauroit mieux conuenir de tous poincts à la pouldre à canon; mais ces bons personnages preuoyans la ruine que cela pouuoit apporter, firent trop grande conscience de le reueler. A propos de ces feux perpetuels, pour le moins d'vne tres-longue durée, Hermolaus Barbarus en ses annotations sur Pline, raconte que de son temps fut ouuerte vne vieille sepulture au territoire de Padouë, & en icelle troué vn petit coffret, où il y auoit vne maniere de lampe ardente encore; combien que selon l'inscription il y deust auoir plus de cinq cens ans qu'elle estoit ainsi allumée. Tellement qu'à ce compte il ne seroit pas du tout impossible de faire des feux inextinguibles: car mesme nous en voyons de plusieurs sortes de celuy qu'on appelle Grec, dont Aristote, à ce qu'on dit, composa iadis vn traicté: lesquels ne se peuuent esteindre auec de l'eau, principalement la marine, à cause du sel gras & onctueux meslé parmy ; ains s'en rengregent & embrasent. Et quel mal y aura-il d'en toucher icy quelque chose, puis qu'aussi bien est-il question du feu? Des glands macerez dans du vin ; puis dessechez & mis à la meulle, tant que la liqueur s'en exprime ; laquelle accompagnée puis-apres auec d'autres huilles degraissées sur de la chaulx viue, pierre ponce, talc & alun calcinez, du sablon mesme, & choses semblables qui retiennent les impuritez adustibles au fonds du vaisseau, pendant que l'huille par la distillation monte claire, nette, & purifiée, & moins inflammable : mais cela requiert vn assez bon feu. Pour les mesches y correspondantes, faites-les de fil de cotton, degraissé dans de la lessiue ; puis baignez-les en de l'huille ou liqueur de tartre, les saulpouldrans par dessus d'alun de plume, entremeslé de poix-resine bien delié batuë, ou de colophone. Ces feux de si longue durée nous sembleroient chose fabuleuse, si nous n'estions acertenez par plusieurs Autheurs authentiques de ceste tant fameuse lampe penduë en certain temple de Venus, où ardoit sans cesse la pierre d'Asbeste, laquelle estant vne fois allumée ne s'esteint iamais plus. Mais on pourroit dire que cela aussi n'est que fable. Ie le lairray decider aux autres, & diray qu'il m'est vne fois aduenu, ne cherchant rien moins que cela, de m'estre rencontré en vne substance, conduit à cela par des graduez artifices du feu ; laquelle bien renclose dans vne phiolle de verre, & seellée du seau d'Hermes, que l'air n'y entre en sorte quelconque, se garderoit plus de mille ans au fonds, à maniere de parler, de la mer: & l'ouurant au bout d'vn tel & si long terme qu'on voudra, on y trouuera du feu soudain qu'elle sentira l'air, pour allumer vne allumette. NOVS lisons au 2. liure des Machab. chap. 1. & 2. qu'à la transmigration de Babylone les Leuites ayans caché leur feu sacré au fonds d'vn puits, septante ans apres s'y retrouua vne eau espoisse & blanchastre, qui soudain que les raiz du soleil eurent donné dessus, s'enflamba.

CES deux deitez dessusdites au reste, Pallas & Vesta, l'vne & l'autre vierges & chastes, comme aussi est le feu, nous representent les deux feux du monde sensible: Pallas à sçauoir, le celeste, & Vesta l'elementaire d'icy bas; lequel nonobstant qu'il soit plus grossier & materiel que celuy d'enhault, tend tousiours neantmoins contremont, comme s'il taschoit à se demesler de la substance corruptible où il demeure attaché, pour retourner libre & exempt de tous ces empeschemens à son origine premiere dont il est venu, ainsi qu'vne ame emprisonnée dans le corps.

Igneus est ollis vigor, & cælestis origo
Seminibus, quantum non noxia corpora tardant,
Terreníque hebetant artus, moribundáque membra.

L'autre à l'opposite, bien que plus subtil & essentiel, s'eslance icy bas vers la terre, comme si ces deux aſpiroient ſans ceſſe à ſe rencontrer & venir au deuant l'vn de l'autre, en façon de deux pyramides, dont celle d'enhault auroit ſa baſe plantée dans le Zodiaque, où le ſoleil parfait ſon cours annuel par les douze ſignes; de la poincte de laquelle pyramide vient à degoutter icy bas tout ce qui ſ'y procrée, & a eſtre, ſelon la doctrine des anciens Aſtrologues d'Egypte; que rien ne ſe produit en la terre & en l'eau qui n'y ſoit ſemé du ciel, lequel en eſt comme vn laboureur qui le cultiue; & par ſa chaleur empreignée icy bas, auec l'efficace de ſes influences, conduit le tout à ſa complette perfection & maturité: ce que confirme auſſi Ariſtote en ſes liures *De ortu & interitu*. Mais le feu d'icy bas au rebours a la baſe de ſa pyramide attachée à la terre, faiſant l'vne des ſix faces du cube, dont les Pythagoriciens luy attribuoient la forme & figure à cauſe de ſa forme & inuariable ſtabilité: & de la poincte de ceſte pyramide ſ'eſleuent contremont les vapeurs ſubtiles qui ſeruent de nourriſſement au ſoleil, & à tout le reſte des corps celeſtes, ſelon que l'eſcrit Phurnutus apres d'autres. *On attribuë*, ce dit-il, *vn feu inextinguible à Veſta, parauenture de ce que la puiſſance du feu qui eſt au monde prend de là ſon nourriſſement; & que d'icelle le ſoleil ſe maintient, & conſiſte.* C'eſt auſſi ce qu'a voulu inferer Hermes en ſa table d'Eſmeraude; *Quod eſt inferius, eſt ſicut quod eſt ſuperius; & è conuerſo, ad perpetranda miracula rei vnius.* Et Rabbi

Ioſeph fils de Carnitol en ſes portes de la iuſtice: *Le fondement de tous les edifices inferieurs eſt placqué là hault; & leur comble ou ſommet icy bas, ainſi qu'vn arbre renuerſé. Si que l'homme n'eſt qu'vn arbre ſpirituel planté au paradis des delices, qui eſt la terre des viuans, par les racines de ſes cheueux*; ſuyuant ce qui eſt eſcrit és Cantiques 7. *Comæ capitis tui ſicut purpura Regis iuncta canalibus.*

Ces deux feux au reſte, le hault, & le bas, qui ſe recognoiſſent ainſi l'vn l'autre, n'ont point eſté non plus ignorez des Poëtes; car Homere au 18. de l'Iliade, ayant mis la forge de Vulcain au huictieſme ciel eſtelé, où il eſt accompagné de ſes artiſanes, doüées d'vne ſinguliere prudence, & qui ſçauent toutes ſortes d'ouurages, leſquels leur ont eſté enſeignez par les Dieux immortels, dont elles trauaillent en ſa preſence. Virgile au 8. de l'Eneide n'a pas laiſſé de mettre ceſte officine icy bas en la terre, en vne iſle ditte la Vulcanienne;

Vulcani domus, & Vulcania nomine tellus;

pour monſtrer que le feu eſt en l'vne & en l'autre region, la celeſte & l'elementaire; mais diuerſement. On conſtituë outre-plus quatre ſortes de feux; celuy du monde intelligible, qui eſt tout de lumiere; le celeſte participe de chaleur & lumiere; l'elementaire d'icy bas de lumiere, chaleur, & ardeur; & l'infernal à l'oppoſite de l'intelligible, de l'ardeur & embraſement, ſans lumiere. On en voit des eſchantillons és monts qui bruſlent par le dedans, comme l'Etna, & autres semblables appellez Vulcains. Et est vne chose fort admirable, comme l'a coté vn des Rabins, & qui surpasse toutes autres merueilles du feu, que le soulphre & bitume qui sont si prompts & faciles à s'enflammer, & durent si peu en leur combustion, estans exposez à l'air, restreints neantmoins dans les entrailles de la terre, semblent s'y renoueller & multiplier de leur propre consomption; encore que leur embrasement & ardeur y soient trop plus violens, sans comparaison, qu'icy hault; selon qu'on peut voir és montaignes qui bruslent d'vne si longue suitte de siecles; & és baings d'eau chaude. Cela semble s'emanciper hors du commun ordre de la nature, par vne secrette disposition de la prouidence diuine, qui les veut ainsi pardurer, iusqu'à ce que toute la scorie & impurité de ce bas monde soit exterminée, auec son infecte & puante odeur corruptible: & d'icy la bannir & releguer aux enfers, pour la punition & tourment des damnez; dont il est escrit au Pseaume 10. *Pluet super peccatores laqueos: ignis & sulphur, & spiritus procellarum, pars calicis eorum.* Ce feu-là qui est noir, obscur, espois & caligineux, dont tant plus il est deuorant & bruslant, ressemble à celuy de quelques gros charbons de pierre, qui conçoiuent vne tres-forte ignition; dont il est dit au 20. de Iob; *Deuorabit eos ignis qui non succenditur.* Et plus particulierement en Baruch 4. *Le feu viendra dessus eux de la part du Dieu eternel, pour durer maints*

maints iours ; & long temps y habiteront les Demons. Là où le feu celeste est tout clair & luisant, ainsi que d'vne lampe, dont la flamme seroit nourrie d'vne eau de vie meslée auec certaine composition de camphre, sel nitre, & autres telles matieres inflammatiues. De façon que ces substances combustibles, dont il y en a d'infinies sortes, peuuent durer fort longuement ; bien est vray que ce sera d'vne flamme plus lente & debile. Et de semblables, mais plus subtiles sans comparaison, sont nourris & entretenus les corps celestes, qui n'ont besoin que de fort peu de nourriture, comme approchans de la spiritualité. Ie puis dire estre autrefois paruenu à faire vne maniere de soleil estincellant à l'obscurité, (c'estoit vne lumiere de lampe) si estincellant que toute vne grande salle en pouuoit estre plustost esblouïe qu'esclairée ; car cela faisoit plus d'effect que deux ou trois douzaines de gros flambeaux ; & si en vingt-quatre heures elle n'eust pas vsé autant de l'huille que ie luy donnois, auec des mesches y correspondantes, qu'il en tiendroit dans la coquille d'vne noix. C'estoit au reste vne lampe de verre plongée dans vne boulle de crystallin grosse comme la teste, pleine de vinaigre distillé trois ou quatre fois ; car il n'y a rien de plus transparent, ny resplendissant. L'eau de mer l'est bien aussi, & trop plus que n'est l'eau douce, quelque pure qu'elle puisse estre: c'est le sel destrempé parmy, qui luy donne ceste clairté lumineuse.

MAIS pour reprendre nostre propos, aucuns ont pensé que puis que les estoilles receuoient du nourrissement, elles deuoient aussi desiner à certaines periodes de temps, & que d'autres venoient à naistre; qui n'estoit autre chose qu'vne separation de leur clarté & lumiere d'auec leur globe de substance plus grossiere & materielle, dont elles viennent à se dissiper & éuanouïr dans le ciel, comme font les esprits vitaux parmy l'air, quand ils s'absentent de quelque corps animé, & le laissent priué de vie: Si que par ce moyen leur globe demeuroit de là en auant tenebreux ainsi qu'vne lampe, dont la lumiere qui luy donnoit auparauant la clarté, auroit esté amortie par faute de nourrissement, ou autre accident. Ceste clarté ou feu lumineux est aux estoilles, ce que le sang est aux animaux, & la sœve aux vegetaux. A quoy Homere semble vouloir donner au 5. de l'Iliade, où il met que pour ce que les Dieux ne viuent pas de pain & de vin comme les mortels, ains d'ambrosie & de nectar, aussi n'ont-ils point de sang, ains en lieu d'iceluy vne substance qu'ils nomment ἰχὼρ, qui est comme vne subtile serosité salsugineuse, empeschant la corruption és animaux, & tous autres composez elementaires. Mais il faut vn peu mieux esclarcir cecy, pour la grande affinité que le soleil & le feu ont ensemble. Il faut donc entendre que le soleil enleuant par son attraction les esprits de la terre, qui sont de deux natures (*vapor humidus in-*

cludens, & vapor siccus inclusus simul sursum eleuantur, dit le Philosophe au 5. des Meteores:) l'vne chaude & humide ainsi que l'air, & eau en puissance; ce qui est proprement appellé vapeur: l'autre chaude & seche, de nature & puissance de feu, dite exhalation. La premiere se resoult en eau, comme pluyes, neiges, gresles, brouillas, gyvres, & autres telles impressions humides, qui se forment de ceste vapeur en la moyenne region de l'air: car estans grossieres & pesantes, elles ne peuuent monter plus hault, ains apres s'y estre espoissies & congelées par la froidure qui y reside, elles retombent icy bas plus materielles qu'elles n'y estoient pas montées; & toutes finablement se resoluent en eau. La seconde, dite exhalation, est soubs-diuisée en trois especes. La premiere plus visqueuse, grosse & pesante, est celle dont se forment les feux qu'on appelle Castor & Pollux, autrement sainct Herme; les follets, & autres semblables, qui ne peuuent monter plus hault que la basse region de l'air. La seconde est aucunement plus legere, plus subtile & depurée, penetrant iusqu'à la moyenne region; là où se forment les foudres & esclairs; les estoilles volantes, lames de feu, cheurons, & autres telles inflammations. La tierce est encore plus seche & legiere, & plus despouillée d'onctuositez; de la nature presque de ceste quint'essence que lon remarque en l'eau de vie souuerainement depurée; parquoy elle se peut esleuer non tant seulement iusqu'à la plus haulte region de l'air, & celle du feu contigu, ains eschappe encore saine & sauue plus hault dans le ciel ; auec lequel pour sa tres-grande subtilité & depuration qu'elle a acquise en ce long chemin, elle a vne grande conformité ; car estant paruenuë iusques au globe du soleil, elle est là acheuée de cuire & de digerer en vne pure & claire lumiere, pour le nourrissement tant de luy que des autres astres. Ce que touche Pline és 8. & 9. chapitres du second liure. Si que les estoilles reçoiuent toute leur lumiere & nourrissement du soleil, apres qu'elle y a esté cuite & elabourée ; & non pas par forme de reflexion, comme de ses raiz qui se rabattroient dedans l'eau, ou en miroir : car tout ce qui participe de nature de feu, a besoin de nourrissement. Cela se fait comme en l'animal, où le plus pur sang vient du foye à se rendre par les arteres dans le cueur, qui le conduit à sa derniere perfection pour la nourriture des esprits. Mais cela se doit entendre, si ces exhalations & vapeurs treuuent issuë à trauers les pores & spongiositez de la terre, pour s'en euaporer à mont. Que si d'auenture elles rencontroient du tuf, ou argille, ou semblables empeschemens & obstacles qui la leur contredissent & engardassent, elles s'arrestent & espoississent-là pour la procreation des mineraux ; à sçauoir l'exhalation chaulde & seche en vne nature de soulphre ; & la vapeur humide en argent-vif ; non le vulgaire, ains vne substance encore spirituelle & fumeuse ; de l'assemblement desquels deux en ſubtile vapeur, viennent à ſe procréer puis-apres par de longues ſuittes d'années les metaux, & moyens mineraux, ſelon la pureté ou impurité de leurs ſubſtances coagulées ; & la temperature, default ou excés de la chaleur qui les décuit dans les entrailles de la terre. Sans ſortir hors du propos deſſuſdit des exhalations, il m'a ſemblé d'en toucher icy vn petit experiment où ie ſuis autrefois arriué de mon induſtrie, que ie penſe ne deuoir point eſtre deſagreable. Prenez de bon vin vieil, & iettez dedans quelque quantité de ſel nitre & de camphre, en vne eſcuelle ſur vn reſchauld dans vne armoire bien fermée, que l'air n'y entre. Et faites-le euaporer là dedans, qu'il n'y ait cependant point plus d'ouuerture que de l'eſpoiſſeur d'vn dos de couteau, pour y donner autant d'air qu'il en faut pour le faire bruſler. Cela fait, refermez bien voſtre guichet, que rien ne ſ'en euapore, apres en auoir retiré l'eſcuelle. Delà à dix, vingt & trente ans, pourueu que l'air n'y entre, & qu'il ne ſ'éuente, y introduiſant vne bougie allumée, vous verrez infinis petits feux voltiger comme des eſclairs par les grandes chaleurs de l'Eſté, qui ne ſont accompagnez de tonnerres & foudres, ny d'orages, de vents & de pluyes, n'ayans qu'vne inflammation d'air, par le moyen du ſalpetre, & du ſoulphre, qui ſe ſont eſleuez de la terre.

DEVANT que ſortir hors de ce propos des vapeurs & exhalations, que perſonne ne doute qu'elles ne procedent de la chaleur qui s'introduit dedans la terre du continuel mouuement du ciel à l'entour, & des corps celestes, dont la lumiere est accompagnée de quelque chaleur qu'elle y darde. Venons à des experiments plus approchans de nostre cognoissance sensible. Nous voyons que le feu laisse deux sortes d'excremens; l'vn plus grossier, à sçauoir les cendres demeurans en bas de son adustion; qui contiennent le sel, & le verre: & les deux elemens fixes & solides, le feu, & la terre. L'autre plus leger & subtil, que la fumée charie en hault, qui est la suye, en laquelle sont contenus l'eau & l'air, les deux elemens volatils & liquides; les Alchimistes les appellent Mercure & soulphre; & les Naturalistes la vapeur & exhalation. Par le Mercure est designée l'eau ou vapeur: & par le soulphre l'huille & exhalation. De sel & de terres, il s'y en trouue en fort petite quantité, suffisante neantmoins pour y apperceuoir comme les quatre elemens se retrouuent en la resolution de tous les composez elementaires. Prenez donc de la suye de cheminée, mais de celle qui sera la plus hault montée en quelque fort long tuyau de cheminée, & tout au feste, où elle doit estre la plus subtile: emplissez-en vne grande cornue, ou vn alembicq, des trois parts les deux; puis y appliquez vn grand recipient, que vous enuelopperez de linges mouillez d'eau fraische: donnez feu par les menus; l'eau & l'huille distilleront ensemble, combien que l'eau doiue en ordre preceder à ſortir la premiere. Apres que toutes ces deux liqueurs ſeront paſſées dans le recipient, & que rien plus ne montera, renforcez le feu auec des baſtons de cotteret bien ſecs, ou autres ſemblables, le continuant par huict ou dix heures, tant que les terres qui ſeront reſtées au fonds demeurent bien calcinées: mais pource qu'elles ſeront en fort petite quantité, remettez de nouuelle ſuye, & continuez comme deſſus, tant que vous ayez des terres à ſuffiſance: leſquelles vous tirerez hors de l'alembicq, & les mettrez en vn petit pot de terre de Paris non plombé, ou en vn creuſet. L'eau & l'huille que vous en aurez diſtillé, ſe pourront ſeparer aiſément par vn entonnoir de verre, où l'eau ſurnagera à l'huille. Cela fait, vous rectifierez l'eau par le baing Marie, l'y rediſtillant deux ou trois fois; car l'huille ne monte point par ce degré de feu, ains par le ſable. Gardez-les à part, ſur les terres qui auront eſté calcinées dans le pot ſuſdit, ou creuſet: iettez leur eau deſſus, vn peu chaulde, remuant auec vne broche, tant que le ſel qui y aura eſté reuelé par l'action du feu ſe diſſolue tout dans ceſte eau. Retirez-la par diſtillation, & le ſel vous reſtera au fonds, de nature de ſel armoniac; ſi que le preſſant il ſ'eſleuera. Mais de cela plus à plain cy-apres en ſon lieu, où nous traicterons des trois ſels. Des terres on ne ſ'en doit pas beaucoup ſoucier; car les principales ſe doiuent rechercher és cendres, comme auſſi le ſel fixe. Le ſel par le moyen de l'eau ex-

trait des cendres (nous ſortirons icy vn peu de la ſuye pour mieux eſclarcir le ſubiect des terres.) En ceſt element le plus groſſier & materiel de tous, que nous appellons terre, ſe conſiderent trois ſubſtances: auſſi les Hebrieux l'ont mieux diſtingué que nous, luy attribuant trois appellations; *erebs, adamah, & iabaſſah. Erebs* eſt proprement le limon, *iabaſſah* le ſable, & *adamah* l'argille. Lauez de la terre commune auec de l'eau, & la verſez ſoudain en vn autre vaiſſeau auec le limon qu'elle aura accroché. Reïterez tant qu'il ne vous reſte plus rien au fonds que le ſable, en l'Eſcriture dit *arida*; *Et aridam fundauerunt manus eius*, Pſeau. 94. en quoy il a vſé proprement du mot de *fonder*, parce que le ſable eſt la ſubſiſtance & retenement de la terre, où il eſt meſlé auec le limon par certaine prouidence de la nature pour l'affermir encontre l'humidité de l'eau, comme on voit au mortier, où lon adiouſte du ſable auec la chaulx, de peur qu'elle ne ſe détrempe & eſcoule aux humiditez ſuruenantes. Il ſert auſſi pour luy donner plus de contrepois; par-
Prou. 27. ce que le ſable eſt fort peſant; *graue eſt ſaxum & onerosa arena.* Mais le limon eſt bien plus leger, auquel ſe procréent les mineraux, vegetaux, animaux; comme on peut voir par experience, mettant du pur limon à l'erthre; car en moins de trois ſepmaines vous y trouuerez de petites pierrettes, quelques herbes, & des vers & limas, & autres beſtions qui ſ'y ſont produits. Ce qui reſtera du nour-

riſſement

rissement que ces indiuidus auront succé, sera du sable, priué de toute humidité; selon qu'on peut voir és terres, qui pour auoir esté trop labourées & ensemencées sans les amender, se reduisent de fertiles qu'elles estoient, en sablonneuses & steriles; car le sablon ne produit rien, ainsi qu'il se voit és deserts & riuages; dont seroit venu le prouerbe, *littus aras*, pour vn labeur inutile & vain. OR comme des deux qualitez dont chaque element participe, il y en ait vne qui luy est propre, & l'autre appropriée, la seicheresse sera la propre qualité de la terre, parce que la froideur conuient plus à l'eau. C'est pourquoy la terre en Hebrieu est appellée, comme ja a esté dit, *jabassah*, & en Grec ξηρὰ, seche & aride; *& vocauit Deus aridam terram.* Gen. 1. Le limon est plus aquatique: *Ex grossitie enim aquæ terra concreatur*, dit Hermes; comme on peut voir en de la nege, gresle, pluye, où parmy l'eau, ainsi condensée, il y a beaucoup de limon meslé; duquel comme a esté dit, tout se produit icy bas en terre. L'homme mesme selon son corps, a esté formé de ce limon; & de là s'ensuit que toute la fertilité de la terre vient de l'eau. *Dieu auoit creé tous les reiectons de la terre deuant qu'ils creussent, & tous les herbages des champs deuant qu'ils germassent; car le Seigneur Dieu n'auoit point fait encore pleuuoir sur la terre, mais vne source montoit d'icelle qui en arrousoit la surface.* Gen. 2. Ou commé le tourne le paraphraste Chaldaïque Onkelos, au lieu de source ou fontaine; vapeur ou nuée, qui s'engendre des vapeurs que le soleil enleue d'icy bas là hault en la moyenne region de l'air, pour de là en arrouser la terre. Mais ny le limon, ny le sable, ny l'argille d'vn autre costé, ne sont pas chacun endroit soy, ny reduits ensemble, ceste terre vierge & pure, qui est renclose au centre de tous les composez elementaires, c'est à dire, au profond d'iceux; car ceste-cy ne produit rien, à cause qu'elle est incorruptible, & ce qui ne se peut corrompre, ne peut aussi rien produire qui soit subiect à corruption, comme nous le voyons au feu, & au sel, & au sable, qui est de nature de verre; toutes substances non seulement incorruptibles pour leur regard, mais qui engardent de corruption, ce où ils se meslent; tesmoin les herbes, fruicts, chairs, poissons, & autres semblables, qui estans sallées ou enseuelies dans le sable s'y contregardent plus longuement: Et és mumies de ceux qui demeurent estouffez & enseuelis dans le sable en passant les deserts; qui se conseruent en leur entier par de longues suites d'années, tout ainsi, voire mieux, que s'ils auoient esté embaulmez. Tellement que ceste terre se forme de deux substances incorruptibles, sel, & arene, moyennant l'eau qui se congelle là dessus: ainsi que nous le voyons en ce beau verre crystallin faict de sel de soulde, parmy lequel on mesle du sable pour le retenir; autrement és grandes aspretez du feu qu'il faut qu'il endure pour en ouurer, il s'en iroit tout en fumée.

On le depure & affine en clair cryſtallin puis-apres, y adiouſtant du perigort, ou du minium fait de plomb. Il y en a qui portent leur ſable auec ſoy, comme la foulgere, le charme, ou fouteau, & quelques autres. Mais cela appartient mieux à noſtre traicté de l'or & du verre ſur le 28. de Iob; où parlant de la Sapience il dit, que rien ne ſ'y ſçauroit accomparer, non pas meſme l'or, ny le verre. Ceſte terre donques ſi excellente & incorruptible, n'eſt pas ce vil & groſſier element que nous foulons aux pieds, & cultiuons pour en tirer noſtre nourriture & ſubſtentation, ains celle dont il eſt parlé au 21. de l'Apocalypſe, claire & tranſparente. *Ie veis vn nouueau ciel, & vne nouuelle terre: & la ſaincte cité eſtoit d'or pur ſemblable à pur verre; & ſes ruës eſtoient d'vn or luiſant & reſplendiſſant.* Voyez comme il apparie plus d'vne fois l'or & le verre, lequel ſe produit par les depurations du feu, car c'eſt la derniere action d'iceluy, n'y ayant plus de pouuoir ſinon de l'affiner & dépurer, comme il fait l'or, que le ſoleil produit en de longs millenaires d'années. A l'imitation de cela les ſpeculatifs entendemens ſe ſont parforcez moyennant le feu d'extraire de la corruption de ces inferieurs elemens, & leurs compoſez, vne ſubſtance incorruptible, qui leur fuſt comme vn modelle & patron de ce à quoy doit eſtre finablement reduit l'Vniuers: dont icy nous tirons de la ſuye vne repreſentation & image des ouurages de la nature és vapeurs & exhalations, dont viennent à se former les meteores & impressions de la moyenne region de l'air ; l'eau tenant lieu des aquatiques, & l'huille des ignées & inflammables; laquelle huille est du tout impure pour estre adustible ; & inutile à la procreation de ceste terre vierge, appellée d'aucuns pierre philosophalle, que tant d'ignorans auaricieux ont enquise & point obtenuë, parce qu'ils n'y alloient qu'à clos yeux, offusquez d'vne sordide conuoitise de gaing illicite, pour se rendre tout à vn coup plus riches qu'vn autre Midas, dont ne leur est en fin demeuré que ses oreilles d'asne : & ne la cherissoient pas pour loüer & admirer Dieu en ses beaux admirables ouurages ; suyuant ce qui est dit au 37. de Iob, *Considera mirabilia Dei.* Car on ne sçauroit faire plus grand plaisir à vn excellent ouurier, que de remarquer attentiuement, admirer & magnifier ses ouurages ; ny plus grand despit, que de les desdaigner, & n'en tenir compte. Et de ceux-là parle ainsi l'Apostre aux Ephes. 4. *Ils ont leur pensée obscurcie de tenebres, s'estans estrangez de la vie de Dieu, à cause de l'ignorance qui est en eux, par l'aueuglement de leur cueur.* Prenez donc ceste huille qui aura esté extraicte de la suye, & la repassez par deux ou trois fois sur du sable ; car c'est vne de celles qui dure le plus longuement. Et apres l'extraction de l'eau & de l'huille, & la calcination des terres qui en seront restées au fonds du vaisseau, iettez vostre eau dessus, & mettez la matiere à putrefier dix ou douze iours dans les fiens ; puis retirez l'eau par distillation, calcinant au bout d'icelle les terres par sept ou huict heures à feu de flamme. Remettez l'eau derechef sur les terres, putrefiez, distillez & calcinez, reïterant comme dessus; car par le moyen de l'eau & du feu les terres se calcineront, tant qu'elles ayent beu & retenu toute leur eau, ou la plus grand' part: ce qui se fera à la six ou septiesme reïteration. Cela fait, donnez feu de sublimation, & il s'esleuera vne terre pure, claire & crystalline, renclose au centre. L'eau a de grandes proprietez & vertus, mais ceste terre encore plus; dont ie me deporteray de parler icy plus auant. Il s'en peut extraire du sel aussi par les dissolutions de son eau; & du verre, des terres qui resteront apres l'eleuation de la terre vierge; *Omne enim priuatum propria humiditate, nullam nisi vitrificatoriam præstat fusionem*, dit Geber: Et il y en a icy trois, deux volatiles, l'eau, & l'huille; & la tierce fixe & permanente, qui est congelée, à sçauoir le sel, *Quod est super omnes alias humiditates expectans ignis pugnam*; dit le mesme Geber: car il n'y a rien de plus humide & plus onctueux que le sel, ny de plus endurant le feu. Aussi tous les metaux ne sont autre chose que sels fusibles; en quoy ils se resoluent facilement. Le sel commun se fond aussi, apres auoir esté recalciné, & dissouls trois ou quatre fois, comme nous le dirons plus apertement en son lieu.

Ie me suis vn peu estendu icy sur la suye, comme en vn subiect où se peuuent remarquer force beaux secrets: & de mesme au charbon de pierre: & en ceste vitrification de couleur perse, qui reste du fer, dont on en voit de grands tas és fourneaux & forges; & estant si seche il s'en tire neantmoins de l'eau & huille. Nous dirons encore cecy sur la suye: Le feu bruslant du bois, ou autre matiere adustible, chasse l'humidité aqueuse y contenuë, & se nourrist de l'huille ou substance aërée; la partie terrestre qui sont les cendres, demeurant en bas calcinée, où reside le sel, lequel en estant separé par des lauemens & dissolutions de l'eau, ce qui reste n'est que limon, qui s'en tire par de frequentes ablutions: & le sable reste en fin, propre à se vitrifier. Voila quant à l'vn des excremens du feu; qui ne se contente pas de cela, ains par son impetuosité & ardeur tendant de son naturel contremont, rauist en hault vne partie de ces substances plus subtiliées. Adaptons cecy aux couppelles. Nous voyons que partie du plomb s'y en va en fumée, comme au feu dont se procrée la suye; partie d'iceluy se brusle, sa partie à sçauoir sulphureuse; & partie s'invisque dans les couppelles, en forme presque de verre ou esmail. Des deux premieres volatiles il n'en faut point faire d'estat, car elles s'en vont & se disperdent: mais broyez les couppelles où ceste vitrification s'est comme empastée; & lauez-les bien auec de l'eau tiede, pour les depurer de leurs crasses & immondices; puis les mettez en vn descensoire à tres-forte expression de feu de soufflets, auec du sel de tartre, & sel nitre; & il descendra par le trou d'embas vne metalline; laquelle recouppellée auec nouueau plomb, vous trouuerez beaucoup plus de fin sans comparaison, qu'à la premiere fois; & de là en auant tousiours de plus en plus, en reïterant ce que dessus. De maniere que qui voudroit prendre la patience de décuire le plomb en vn feu reiglé & continuel qu'il n'excedast point sa fusion, c'est à dire, que le plomb y demeurast tousiours fondu, & non plus, y adioustant quelque petite portion d'argent-vif, & de sublimé, pour le garder de se calciner & reduire en poudre; au bout de quelque temps on trouueroit que le Flammel n'a pas parlé friuolement, de dire que le grain fix contenu en puissance au plomb, à sçauoir l'or & l'argent, s'y multiplieroient & croistroient ainsi que le fruict fait sur l'arbre.

MAIS pour retourner à ces huilles de longue durée, dont il faudroit faire vn par trop ample volume qui les voudroit parcourir non que toutes, ains vne partie; il s'en tire du tartre de vin, dont le meilleur vient de Montpellier, c'est ce qui adhere au tonneau. Vne qui est fort importante: Le tartre est vn des subiects où ceux qui s'exercent au feu trouuent autant de coups à ruer. Prenez de ce tartre battu en menuë poudre, & le mettez en vne terrine plombée, auec de l'eau de puits bien nette, sur vn tripier, ou vn fourneau, le faisant doucement parbouillir: & escumez les vilainies & ordures auec vne plume; les crouſtons argentins qui ſ'eſleueront puis-apres, recueillez-les auec vn teſt de verre, ou ces groſſes moulles d'eſtang, tant qu'il ne s'en eſleue plus, en renouuellant l'eau à meſure qu'elle viendra à ſe diminuer. Verſez-la par inclination, & mettez à part ce qui ſera reſté au fonds en guiſe de ſable. Remettez ces crouſtes auec nouuelle eau; faites-les bouillir comme deuant fort doucement, & recueillez les crouſtons qui ſ'en eſleueront, plus clairs & lucides que les premiers, ſeparant les ordures & impuritez, ſ'il ſ'en preſente quelques-vnes. Et reïterez cela par ſix ou ſept fois, tant que vos crouſtons ſoient clairs & luiſans comme argent, ou perles. Faites-les deſſecher au ſoleil, ou deuant le feu ſur vn linge: & les mettez en vne cornuë à cul deſcouuert, & feu gradué, le renforçant par les menus; & par le becq de la cornuë ſortira comme vn petit ruiſſeau de laict, lequel ſe reſoudra en huille dedans le recipient. Repaſſez-le vne fois ou deux ſur du ſable ou du ſel de tartre; qui ſe fait calcinant du tartre dans vn pot de terre de Paris non plombé, en feu de reuerberation, ou dans les charbons: puis le diſſoluez auec de l'eau chaulde; & le filtrez & congelez; il vous reſtera vn ſel blanc, qui ſe reſoudra en vne liqueur qu'on appelle l'huille de tartre: ou bien apres eſtre bien calciné, laiſſez-le re-[illegible]ndre à par-ſoy à l'humide. Ceſte liqueur eſt d'vne [illegible] de efficace, ſpecialement à eſteindre & deſra-[illegible] [illegible]outes ſortes de dartres. Mais du ſable qui ſera demeuré

demeuré au fonds, sans s'estre voulu esleuer en croustes, s'en extraira vne autre trop plus exquise huille, & moins adustible.

Le tartre se peut encore gouuerner d'vne autre façon. Nous y insistons en cest endroit, pource qu'il monstre auoir ie ne sçay quoy de conuenance auec la suye. Car tout ainsi que la suye est comme vn excrement du feu, de mesme le tartre & lye le sont du vin, qui a beaucoup d'affinité auec le feu. Prenez donques du tartre en poudre dans vne terrine plombée; & iettez de l'eau chaude dessus, remuant bien fort auec vn basson; & apres les auoir laissé reposer tant soit peu, versez l'eau, auec ce qu'elle aura peu empoigner du tartre, qui est à guise de limon, dans vne autre escuelle: & remettez nouuelle eau tiede sur le tartre; reïterant comme dessus par tant de fois que l'eau en sorte nette & claire; ce qui se parfera à la cinq ou sixiesme. Et au fonds, vous restera le sable susdit; qui estant desseché, se dissoult dans le vinaigre distillé, & non en de l'eau commune. L'eau de vie le dissoult aussi, en peu d'espace, quand l'vn ny l'autre n'en voudront plus prendre. Lauez ce qui restera auec de l'eau commune, puis le dessechez lentement; & l'ayant mis en vne cornuë à assez bonne expression de feu, le graduant par les menus, s'en extraira vne huille odorante, comme d'aspic; l'vn des secrets de Raymond Lulle; qui est vne de ses principales clefs & entrées aux dissolutions metalliques. Prenez les euacuations dessusdites, & en esleuez les croustons comme deuant. Mais il y auroit trop de choses à dire du tartre; & ce que nous en auons mis icy, n'est pas vulgaire, ains de nos experiments les plus rares. Dv vinaigre, apres que le clair en aura esté distillé, & que les fumées blanches commenceront à apparoistre, qui est son oleaginité adustible, mettez les feces qui en resteront (mais il en faut auoir quantité) en vn cellier, ou autre lieu fraiz; & en cinq ou six iours s'y procréeront de petites pierrettes crystallines. Separez-les de leurs residences, par des ablutions d'eau commune, & les desechez: Il s'en tirera vne huille qui n'est pas de peu d'importance: si que grandes certes & admirables sont les substances que l'art du feu extrait du vin.

La plvspart des huilles que nous auons touché cy-dessus, qui sont adustibles, sont par consequent de forte & fascheuse odeur, comme sentans le bruslé quand elles ardent; parquoy il les faut insoler durant quelques iours; c'est à dire, essorer au soleil, & à l'air, pour leur oster cest empyresme. En recompense nous en traicterons icy quelques rares de bonne & agreable odeur. Et en premier lieu celle de been dont vsent les parfumeurs, n'a en soy couleur, odeur ny saueur; parquoy elle est susceptible de toutes celles qu'on y veut appliquer. Estant repassée sur du sable pour la degraisser, elle seroit de longue durée, & sans sentir mal; mais elle est trop chere. Quant aux huilles d'olif, de nauette, cheneuy, de sesame aussi, mais il est rare en ces quartiers; & autres semblables qui se tirent par le pressoir, moyennant de la chaleur de feu, quelques repassées qu'elles puissent estre, elles ne laissent pas d'estre de forte odeur; mais tant moins, selon qu'elles seront depurées, & par mesme moyen de plus longue durée. Les huilles de saulge, thyn, poiure, & autres semblables qui se tirent par vn instrument propré à cela; tels artifices sont si diuulguez, iusques mesmes aux chambrieres, que i'aurois honte d'en parler. Celle du benjoin est plus rare, & moins cogneuë, & aussi plus laborieuse à faire. Prenez du benjoin concassé en grossiere pouldre, & le mettez en vne cornuë, auec de fine eau de vie qui y surnage trois ou quatre doigts; & laissez-les ainsi par deux ou trois iours sur vn feu moderé de cendres, que l'eau de vie ne se puisse pas distiller; les remuant à toutes heures. Cela fait, accommodez la cornuë sur le fourneau, dans vne terrine pleine de sable. Distillez à feu lent l'eau de vie, puis l'augmentant par ses degrez apparoistront infinies petites aiguilles & filamens, telles qu'és dissolutions de plomb, & de l'argent-vif. Ce qui monstre assez que le benjoin en participe. Car il blanchist le cuyure, & auiue l'or, & mis en des decoctions de gayac fait d'admirables effects; comme aussi le tartre qui contient beaucoup d'argent-vif. Quand donques ces filamens ou aiguilles se monstreront, continuez ce degré de feu, & les laissez iouër dedans la cornuë par quelque espace, tant qu'elles disparoissent du tout. Cependant ayez apresté vn petit baston qui puisse entrer dedans le col de la cornuë, car ces aiguilles s'y viendront reduire comme en vne moüelle; & si vous ne les en ostiez soudain, le vaisseau se creueroit. Quand ceste gomme ou moüelle sera toute passée, auec certaine forme de beurre qui se iectera puis-apres dedans le recipient, l'huille commencera à distiller belle, claire, de couleur de hyacinthe & fragrante odeur: apres laquelle, renforçant le feu, en sortira vne autre plus espoisse & noire, qu'il faudra receuoir à part. Ceste gomme ou moüelle blanchastre que vous aurez retirée du col de la cornuë, lauez-la auec l'eau de vie que vous en auez distillée du commencement, qui en extraira vne teinture de couleur citrine comme saffran, & lairra la gomme fort blanche, d'vne tres-agreable odeur, propre pour en faire des patenostres de senteurs de telle couleur que vous luy voudrez donner. Retirez vostre eau de vie par le baing, & au fonds, vous restera ceste teinture iaulne, sentant bon aussi, qui a de grandes proprietez & vertus. L'huille noire est vn souuerain baume à toutes blessures: & des terres qui resteront s'en peut extraire vn sel de grande efficace. Ainsi vous auez du benjoin cinq ou six substances; la gomme blanche auec sa teinture iaulne, les deux huilles, & le sel.

L'EAV de vie qui est son principal desnouëment, & sans laquelle rien ne se feroit en cecy, l'est aussi du storax, calamite, labdanum, myrrhe, & semblables gommes dont l'huille s'extrait par le moyen du vehicule de l'eau de vie: & y faut proceder tout de mesme qu'au benioin; mais il n'y a pas tant de choses à demesler. De la myrrhe s'extrait encore vne liqueur fort propre à oster toutes taches & marques restantes de galles, & autres semblables accidents. Ayez des œufs durs, & les fendant par le milieu ostez-en le iaulne; puis remplissez le creux, qu'il occupoit, de grains de myrrhe, & les recouurez de l'autre moitié. Laissez-les trois ou quatre iours au serein & à l'erthre, où le soleil ne donne point; & ils se resoudront tous en vne liqueur semblable à du miel ou rosée espoisse. Le mesme fait aussi l'encens.

DV SOVLPHRE, il s'en tire aussi vne huille adustible, par le desliement de l'eau de vie, & par d'autres voyes encore: Car le soulphre a en soy deux substances; l'vne inflammatiue; l'autre non, ains alumineuse & vitriolique: dont prouient ceste liqueur qu'on appelle huille de soulphre, qui a de fort grandes proprietez & vertus plus que n'a l'huille de vitriol, qui est plus caustique & brullante; tant enuers plusieurs mauuaises affections internes, qu'és chancres & vlceres de la bouche, mal de dents, carcinomes, & autres semblables; où elle agist plus moderéement. Ayez donc premierement vne mesche de fil de cotton de la grosseur du petit doigt, &

longue de deux aulnes; que vous enduirez de cire fonduë auec de la terebenthine, comme pour faire des bougies. Ayez d'autre-part vn pot de terre de Paris, plombé, auquel vous mettrez vn lict de soulphre broyé assez grossierement, & sur iceluy estendrez vn rond de vostre mesche susdite; puis vn lict de soulphre, & vn rond de mesche, iusqu'à tant que le pot soit plein: au hault duquel vous laisserez vn petit bout de vostre mesche pour l'allumer, (de fine chorde d'arquebouze seroit bien aussi bonne.) Mettez vostre pot soubs vne cheminée, & suspendez dessus vne chappe d'alembicq, dont la bouche se rapporte à celle du pot; mais il la faut premierement crespir & enduire toute d'argille à l'espoisseur d'vn bon pouce: & ne faut pas qu'elle se ioigne iustement au pot, ains qu'il y ait vn poulce d'ouuerture entre deux. Allumez la mesche, & faites que le soulphre brusle; qui iectera de soy vne petite fumée blanche, laquelle adherera dans la chappe, & de là se resoudra en vne liqueur de couleur de fleur de pescher, qui tombera dans le recipient, que vous aurez à ceste fin appliqué au bec de la chappe. Mais cela se fait mieux en temps mol par des vents meridionaux & d'aual, que non pas par temps sec.

NOVS auons beaucoup insisté en ces huilles, tant pource qu'elles se produisent pour la plusspart de l'action du feu, dont il est icy question, que pource qu'il n'y a rien plus affin au feu que les huilles, graiſſes, onctuoſitez, poix reſine & noire, terebenthines, gommes, & autres ſemblables ſubſtances inflammatiues; qui ſont la vraye paſture & nourriſſement d'iceluy. Et puis que nous y ſommes ſi auant embarquez, il n'y aura point de mal de pourſuyure icy tout d'vn train quelque choſe de ces artifices qu'on appelle communément feu Gregeois; dont il y en a de diuerſes ſortes qui ne ſe peuuent amortir par l'eau. Le fondement d'iceux ſont le ſoulphre & bitume, la poix noire & reſine; les terebenthines, colophone, ſarcocolle; huilles de lin, de petrol, & laurin; ſalpetre, camphre, ſuifs, graiſſes, & autres onctuoſitez faciles à conceuoir les flammes. De ces feux gregeois il en eſt parlé dans Plutarque au traicté de ne preſter point à vſure : & plus recentement en Zonare, tome 3. en la vie de Conſtantin le Pogonate; où il eſt dit, que l'an de ſalut ſix cens ſeptante & huict, les Sarrazins eſtans venus aſſieger Conſtantinople, vn Ingenieur, nommé Callinique, apporta l'artifice de certain feu, par le moyen duquel la flotte des Sarrazins fut défaite. Mais la pouldre à canon, & les artifices qui ſ'en peuuent faire, les a tous effacez; dont conſiſtent la pluſpart de nos feux artificiels, pots & lances à feu, cercles, grenades, ſaulſiſſes, petards, fuſées, & infinis autres ſemblables, que nous ne pretendons pas ſpecifier icy plus particulierement. Prenez donques vne liure de ſalpetre; huict onces de ſoulphre, & ſix onces de pouldre à canon. Incorporez le tout ensemble pour les grenades & pots à feu qui s'esclattent. Mais pour attacher le feu à du bois,& semblables matieres inflammatiues, meslez vne liure de poix resine, vn quarteron de poix noire; colophone trois onces, & cinq de soulphre. Broyez les gommes, & iettez dedans le soulphre fondu; puis quand il sera refroidi, battez-les derechef, & les destrempez auec de l'huille laurin, ou de lin. Il y a vne autre composition bien plus violente, mais plus dangereuse. Fondez vne liure de soulphre dans vne terrine plombée; & iettez-y par les menus, mais discretement, vn quarteron de pouldre grosse grenée, auec autant de salpetre, les remuant sagement auec vne verge de fer. Ostez-les du feu,& laissez secher. Cela meslé auec les artifices susdits, fera vn merueilleux effect. On y mesle aussi vn peu de verre conquassé, lequel venant à s'eschauffer, reschauffe consequemment la matiere quand elle se vient enflammer, dont son ardeur se rend plus forte, & dure plus longuement. Le camphre sert à les faire brusler dedans l'eau;comme aussi font toutes les graisses, & sur tout l'huille de terebenthine, tirée par le baing, dont il n'y a rien de plus subtil & inflammable. Mais c'est trop auant penetrer dans ces ruines du genre humain, où il n'y auroit iamais fin qui les voudroit parcourir toutes.

AV MOYEN dequoy retournons au propos delaissé des deux feux; celuy d'enhault designé par Pallas ou Minerue; & d'icy bas par Vesta: lesquels combien

combien qu'ils soient si esloignez, ne laissent pas toutesfois d'auoir vne telle affinité ensemble, qu'ils se transmuent fort facilement l'vn en l'autre. Car des raiz du soleil s'allume du feu par le moyen d'vne phiolle remplie d'eau, comme met Plutarque en la vie de Numa; ou d'vn miroir ardent, dont ie me ressouuiens d'en auoir veu vn si puissant aux Estats d'Orleans, qu'en moins de rien, & encore au mois de Ianuier, il enflamba vn baston de torche. Et le feu au contraire par plusieurs destours & rembarremens de hault en bas, & par les costez, en plusieurs reuolutions circulaires comme celles d'vn labyrinthe, en ces fourneaux qu'on appelle à tour, son ardeur vient tellement se ramoderer, qu'elle passe en vne chaleur naturelle, viuifiante & nourrissante; au lieu qu'elle brusloit, cuisoit, consumoit. Et en tel feu puis-ie dire auoir fait esclorre à Rome pour vne fois, plus de cent ou six vinges poullets; les œufs y ayans esté couuez & esclos ainsi que sous vne geline.

Le feu des Perses, & des Vestales à Rome, reueré des vns & des autres comme sacré-sainct, s'entretenoit fort soigneusement. Quant aux Perses Strabon liu. 15. escrit que les Mages auoient de coustume de le conseruer dans des cendres, deuant lesquelles ils alloient faire chacun iour leurs prieres & deuotions: ce qui n'est pas sans quelque mystere; les cendres denotans le monde sensible, & le corps de l'homme qui le represente, n'estant autre chose que cendre ; & le feu y enclos & couuert, l'estincelle de vie dont il est animé & viuifié. Ces cendres au reste deuoient estre de quelques arbres gommeux, pour l'y faire durer dauantage ; mesmement de genieure, dont i'ay autrefois gardé plus d'vn an entier des charbons vifs, entassez lict sur lict dans leurs cendres, le tout bien resserré dedans vn petit barillet bien fermé, si que l'air n'y pouuoit entrer. Et c'est à quoy bat le Pseau.119. *Cum carbonibus iuniperorum*, selon l'Hebrieu, au lieu de *desolatorijs*. De ces charbons ardens se rallumoient enuers les Perses les luminaires de leurs temples, s'ils se venoient à esteindre. Mais les Vestales, aduenant que leur feu, comme il arriua quelquesfois, s'amortist, il ne leur estoit pas loisible de le rallumer d'vn autre, ains en faloit attirer de nouueau des raiz du soleil. Et non seulement n'attendoient pas qu'il se fust esteint de soy-mesme, ou par quelque accident fortuit, mais le renouuelloient tous les ans le premier iour de Mars, de celuy du Ciel, comme le remarque Ouide au 3. des Fastes :

Adde quòd arcana fieri nouus ignis in æde
Dicitur, & vires flamma refecta capit.

Ce que touche aussi Macrobe liu. 1. des Saturnales, chap. 12. *Le premier iour de Mars, les Vestales allumoient vn nouueau feu sur l'autel de la Deesse, afin qu'au renouuellement de l'année, se renouuellast en elles le soing de le bien garder de s'esteindre.* Sainct Augustin liure 3. de la Cité de Dieu, chap. 18. En quelle reputation (dit-il) ce feu sacré estoit à Rome, on le peut cognoistre, de ce que quand le feu se mit à la ville, le grand Pontife Metellus, de peur que ce feu estrange ne se meslast auec l'autre, se mit en hazard d'estre consumé par les flammes, pour l'en retirer. Dont il n'y a rien de plus conforme au 10. du Leuitique. Que si ces pauures gens aueuglez, qui ne prenoient les symboles & mysteres de la religion que superficiellement à l'escorce, comme aussi n'ont fait les Iuifs, de qui ils ont emprunté la pluspart de toutes leurs plus importantes traditions, eussent cogneu ce qui estoit couuert & prefiguré là dessous, quel compte est-il à croire qu'ils en eussent fait? Quelques-vns alleguent que ce feu sacré des Vestales s'allumoit par vne maniere de fuzil, en frayant deux petites pieces de bois l'vne contre l'autre; ou en les persant auec vne tariere, comme met Festus, & Simplicius sur le 3. *de cælo* d'Aristote. Pline liu. 16. chap. 4. *On frotte deux bois l'vn contre l'autre, dont se vient à exciter du feu, qui se reçoit en de l'amorce faite de fueilles bien desséchées, & mises en poudre; ou en vne mesche de fonge d'arbre. Mais il n'y a rien qui y duise mieux que le lierre frayé auec du laurier.* Le mesme s'est trouué plus modernement practiqué des Sauuages des Indes Occidentales, comme met Gonçalo d'Ouiedo en son histoire naturelle de ces quartiers-là, liu. 6. chap. 5. liant, ce dit-il, deux bastons secs fort à destroit l'vn contre l'autre, & mettant dedans leur ioincture la poincte d'vne baguette bien arrondie, qu'on fraye dru & menu entre les mains, tant que le feu par la friction, & la rarefaction de l'air qui s'en ensuit, s'en allume. De ce rallumement nouueau, pour monstrer qu'il nous faut renouueller & renaistre à vne meilleure & plus louable vie, ne s'esloignent pas fort les ceremonies de l'Eglise Chrestienne, quand la veille de Pasques & de la Pentecoste à la benediction des fonts, on fait vn grand cierge neuf, dont tous les autres luminaires s'allument. Quant au feu de Moyse, il fut premierement enuoyé du Ciel, & dura iusques à la construction du temple de Salomon, qu'il fut renouuellé derechef du ciel, & se maintint iusques au temps du Roy Manassés, lors que les Iuifs furent emmenez captifs en Babylone, que les Leuites le cacherent au fonds d'vn puits, où il fut retrouué à leur retour, septante ans apres, en forme d'vne eau gluante & blanchastre, comme il a esté dit cydeuant. Pausanias és Corinthiaques, met que du temps d'Antigone fils de Demetrie, se manifesta vne source d'eau chaude pres de la ville de Methana: mais du commencement elle ne s'apparut pas en eau, ains en de grosses flammes de feu, qui se resolut en eau chaude & sallée. Sainct Ambroise au reste discourant sur ceste eau des Leuites au 3. de ses Offices, met que cela demonstroit assez que ce feu estoit vn feu perpetuel qui ne se prenoit point d'ailleurs: pour denoter qu'ils ne deuoient point recognoistre d'autre Dieu, ny d'autre religion &

ceremonies que celles qui leur auoient esté establies par l'inspiration du SAINCT ESPRIT, designé par le feu; car on peut voir comment s'en trouuerent les enfans propres d'Aaron, Nadab & Abihu, au 10. du Leuitique, pour s'estre voulus ingerer d'offrir à Dieu vn feu estrange. Toute faulse doctrine donques, idolatrie, heresie, & impieté se peuuent dire vn feu estrange, qui deuore l'ame, comme la fieure fait le corps, auec la vie qui le maintient; là où ce vray feu enuoyé du ciel est celuy de l'ESPRIT SAINCT, qui salle nos cueurs & consciences, c'est à dire, les preserue de corruption, selon que parle le Prophete Ieremie au 20. quand il l'eust receu: *Lors fut fait comme vn feu bruslant en mon cueur, & renfermé dedans mes os; & ie defaillis, parce que ie ne le pouuois supporter.* Que le SAINCT ESPRIT ne soit pas seulement la lumiere, mais le feu propre, Isaïe le manifeste au 10. *La lumiere d'Israël sera en feu; & son Sainct sera en flamme*: Car tout ainsi que les cauteres, qui sont vn feu potentiel composé de sels ignées & bruslans, n'agissent point sur vne partie morte, insensible, & priuée de sa naturelle chaleur: de mesme le SAINCT ESPRIT n'exerce point ses actions sur des cueurs refroidis & elangorez, qui ne tiennent compte de ses estincelles & semonces; ains s'y monstrent contumaces & refractaires: tout ainsi que la chaleur du soleil & du feu ne feroient que rendurcir de plus en plus la terre & argille au lieu de la ramollir, & la fondre, comme ils feroient la cire, le beurre, & les graisses; *actus enim actiuorum in patientis sunt dispositione.* Dont nous voyons le feu faire diuers effects en des subiects dissemblables, mais non pas du tout contraires, & directement opposez; comme quand il noircist le charbon, & blanchist la chaulx, où il imprime sa vertu, mais tout au rebours: car le feu ayant accoustumé de s'esteindre par l'eau, c'est elle en cest endroit qui enflamme & rauiue celuy qui estoit empreint & latent en la chaulx. Surquoy se presente vne belle meditation; que tout ainsi que le feu est vn symbole de vie; l'eau qui est son contraire, & l'esteint, le deura estre par consequent de la mort; l'eau de sa nature tendant tousiours contre-bas, & le feu contremont, où gist & consiste la vie. Strabon à ce propos liu. 15. parlant des Brachmanes, met que celle que nous appellons mort, est la renaissance de vie; & que ceste vie temporelle n'est que comme vne conception & portée qui se vient au bout de son terme enfanter à mort, pour de là passer à vne vie eternelle. Ce qu'auroit imité Seneque en la 103. epistre: *Le iour que nous redoutons tant comme le dernier de nostre vie, est la renaissance du iour eternel. Laissons donques alaigrement ce qui ne nous sert que de charge importune. Que voulons-nous tant tergiuerser, comme si nous n'auions pas esté premier que ce corps caduque, auquel nous auons demeuré enclos & cachez? Nous y resistons & temporisons de tout nostre effort, & non sans cause; car nous auons esté poussez de-*

hors par vn grand effort de la mere en nous enfantant ; & nous pleurons & lamentons quand nous sommes arriuez à ce que nous cuidons estre le dernier iour : mais ce plaindre, crier & pleurer, ne sont-ce pas toutes marques & indices d'vn qui vient à naistre ? Et vn peu plus Chrestiennement encore peu auparauant : *Ie lairray ce corps où ie l'ay trouué & vestu, & me rendray là hault aux Dieux immortels ; encore ne suis-ie pas sans eux maintenant : mais pendant que ie suis icy detenu d'vne griefue masse de terre, en ceste basse demeure d'vn siecle mortel, ma sensualité veut combattre à l'encontre de ceste autre meilleure & plus longue vie. Or comme nous auons esté renclos par neuf ou dix mois dedans le ventre de nostre mere ; qui ne nous y prepare pas pour soy, ains pour paruenir en fin à ce lieu où nous deuons estre enuoyez ; quand nous serons parfaictement accomplis & rendus idoines de respirer, & durer en apert hors de la cassette où nous auons esté formez : de mesme durant cest espace que nous auons parcouru depuis nostre enfance iusqu'à la vieillesse, nous nous meurissons pour aller où vne autre origine nous attend, & vn nouuel estat des choses.* Tout cela ne deroge en rien des traditions de nostre Eglise, qui celebre pour la natiuité des Martyrs, le iour de leur mort & martyre.

POVR conclurre donques ce qui a esté cy-dessus dit du feu, & des quatre mondes ; celuy de l'intelligible est tout lumineux ; du celeste, luisant & chauld, à raison de son mouuement ; de l'elementaire icy bas, luisant, chauld, & bruslant ; & des enfers, rien que bruslant. Par ainsi les trois proprietez du feu sont luire, eschauffer, & brusler; dont diuers & estranges en sont les effects, & les operations presque infinies, mesmement de l'elementaire, pour commencer à celuy qui est le plus proche de nos sentimens. Rabbi Elchana fort celebre entre les Hebrieux, met que des dix doigts de la main, addressez & conduits de l'entendement, peuuent proceder plus de differentes sortes d'ouurages, qu'il n'y a d'estoilles au ciel; la pluspart desquels vient de l'action du feu, dont dependent presque tous les outils propres à trauailler. Le feu mesmement en seruoit aux premiers hommes, qui n'auoient que luy pour tous instrumens cooperateurs. Au regard de son mouuement, on peut assez voir qu'il n'y a rien de plus brillant & remuant, que le feu, qui est cause mesme de tout mouuement; *sublato enim calore nullus fit motus*, dit le philosophe Chymique Alphidius. Et ce mouuement est accompagné de depuration; *Nam ignis non vult nisi res puras*, selon Raymond Lulle. Car il est non seulement la plus pure substance de toutes autres, ains purge, mondifie & nettoye tout ce surquoy il peut auoir action, de ce qui y pourroit estre de corruptible; *Lauabit Dominus sordes filiorum Israel, spiritu combustionis*, Isaïe 4. C'est pourquoy les Grecs l'appellent ἁγνιστικὸς, purificatif: Tellement que le καθαρμὸς ou κάθαρσις, purification, ne se faisoit point qu'il n'y eust du feu; comme nous le tesmoigne ceste solennité annuelle qu'on appelle la Chandeleur. Et en

toutes

toutes les Eglises de l'Orient, quand on veut dire l'Euangile, on allume les cierges, comme nous faisons aussi le iour de ladite Purification ; & ce en signe de resiouïssance, dont le feu en est vn symbole : & suiuant cela nous faisons des feux à la feste sainct Iean Baptiste, nous conformans à ce qui est escrit en sainct Luc 1. *In natiuitate eius multi gaudebunt* : & des feux de ioye aussi en quelques heureux succés de victoires, en la naissance des enfans Royaux, & semblables occasions d'alaigresse.

NOVS auons cy-deuant allegué du 31. des Nombres, ce qui est là dit des deux elemens purificatifs, feu, & eau ; dont en nos baptesmes auecques l'eau on a accoustumé d'adiouster quelque petit cierge ou bougie qu'on fait empoigner à la creature, quand on la tient dessus les fonts ; s'estant l'Eglise reiglée là dessus à la colonne de feu qui gardoit les Israelites de nuict ; & la nuée (l'eau baptismale) sur iour. A quoy veut battre aussi sainct Iean au 3. de sainct Mathieu, Qu'il ne baptisoit qu'en eau quant à luy, & à penitence ; mais celuy qui venoit apres, baptiseroit en feu au SAINCT ESPRIT, à la remission des pechez : car le feu est vne des marques du S. ESPRIT, par lequel se confere la grace : & en forme de langues de feu il descendit sur les Apostres le iour de la Pentecoste. *Actes 2.* Les Stoiciens, bien que trop superstitieux en cela, faisoient vn si grand cas de cest element, qu'ils le disoient estre ie ne sçay quoy de viuant, & tres-sage, fabricateur de tout

O

l'Vniuers, & de ce qui y estoit contenu, à propos de ce que nous auons cy-dessus allegué de la Sapiéce 7. *Omnium artifex me docuit Sapientia, quæ omnibus mobilibus mobilior est; attingit enim vbique propter suam munditiem:* En quoy sont attribuées deux proprietez du feu à la Sapience; le mouuement, & la pureté. Et en somme l'estimoient estre vn Dieu, selon que met sainct Augustin, liure 8. de la Cité de Dieu, chapitre 5. LE ZOHAR selon ses hault-esleuées contemplations, alleguant sur Exode ce passage du 7. de Daniel; *Le thrône de l'Ancien des iours estoit de flammes de feu, & vn fleuue de feu courant legierement sourdoit de sa face, son vestement blanc comme neige*; dit que dans ce fleuue de feu luisant se lauoient les vestemens des ames qui montoient là hault, & se repurgeoient par là de la vieille escume du serpent, sans s'y consumer, ains ne faisoient que se nettoyer de l'ordure qui s'y estoit accueillie. Et cela est fort proprement dit, parce que nous voyons par experience, que les graisses ne se nettoyent que par d'autres graisses, qui s'emportent les vnes les autres, comme font le sauon, & les lexiues, qui consistent toutes de sels gras & onctueux; car s'ils ne l'estoient, ils ne mordroient pas sur les onctuositez & les graisses, tesmoin l'eau simple qui n'y fait rien, à cause de leurs contrarietez de natures, qui ne leur permettent pas de se pouuoir ioindre & vnir; & là où il n'y a point de mixtion, aussi n'y a-il point d'alteration: *quia quod non ingre-*

ditur, non alterat, dit Geber. Tellement que les sels estans de nature de feu, en ont aussi les proprietez & effects; de purifier à sçauoir, & de nettoyer les ordures & immondices. Car tout ainsi que le sel (poursuit le mesme Zohar) empesche la putrefaction, à quoy toute chose corruptible est assubiectie; de mesme le feu de l'amour diuin, & de la cognoissance de Dieu, qui s'allume en l'ame, la repurgeant de ses coinquinations corporelles, fait qu'apres qu'elle en a esté deuëment nettoyée, elle perseuere en sa pureté à tousiours, pour autant que ce feu deuore & consume l'escume immonde qui s'y estoit attachée, en se reuestant d'vn nouueau & pur feu; ce qui ne se pouuoit faire autrement. Car si elle n'estoit ainsi assistée de ce pur feu, le Cherubin qui est commis à la garde de la porte du iardin de delices, auec vn glaiue flamboyant, pour en contredire l'aduenuë à l'arbre de vie, ne luy permettroit pas d'entrer là dedans; dont la curiosité de taster de la cognoissance de bien & de mal auoit exclus nos premiers Peres, & nous hereditairement auec eux. IVSQV'ICY le Zohar. Dont rien ne se sçauroit voir de plus conforme, ne qui se rapporte mieux à nostre subiect; *Tout homme sera sallé de feu, & toute victime de sel*: Car le saller en cest endroit,& le nettoyer & purifier ne sont qu'vne mesme chose; comme aussi le saller & brusler à cause de leurs consemblables effects: *Vre renes meos, & cor meum*: là où le brusler est mis pour repurger & nettoyer se-

Gen. 3.

Pseau. 25.

lon l'Hebrieu, & le Chaldée. Et en Zacharie 13. *Vram eos sicut vritur argentum.* A quoy se rapporte aussi ce qu'escrit l'Apostre aux Corinth. 1. 3. *Si aucun bastist sur le fondement qui est* CHRIST, *or, argent, pierreries; ou du bois, foin, & chaulme; cela sera manifesté par le feu, qui esprouuera quelles seront les œuures d'vn chacun. S'il brusle, il en souffrira detriment; & neantmoins il ne lairra d'estre sauué, mais ainsi comme par le feu.* Sainct Augustin citant ce lieu en tout plein d'endroits de ses œuures, l'interprete au 21. de la cité de Dieu, chapitre 26. pour les vanitez qu'on auroit trop estroitement embrassées en ce siecle-cy, dont on ne iouïra pas en l'autre, ains faut qu'elles s'effacent & abolissent par la repurgation du feu: *Quod enim sine illiciente amore non habuit, sine dolore vrente non perdet.* Et au reste sera sauué comme par le feu, parce que rien ne l'aura peu desmouuoir de ce fondement sur lequel il aura basty. Sainct Ambroise à ce mesme propos, Sermon 3. sur le 118. Pseaume; *Ainsi que le bon or, tout de mesme l'Eglise, quand elle est bruslée, ne reçoit point de detriment, ains son lustre & resplendissance s'en accroissent de plus en plus.* Les Perses estimoient que quand on se brusloit volontairement, l'ame demeuroit par là repurgée de toutes ses iniquitez & méfaicts, qui se consumoient par les flammes quant & le corps: ce qui auroit peu mouuoir l'Indien Calanus, & quelques autres d'en venir là. Mais au lieu de cela nous auons le baptesme; (car Dieu ne veut pas que nous nous aduancions nos iours d'vn moment;) qui à quelque heure qu'on le reçoiue, nous laue & nettoye de tous les delicts precedents: dont quelques-vns en abusans attendoient à le receuoir le plus tard qu'ils pouuoient; & d'autres se baptisoient pour ceux qui estoient desia decedez. En Ethiopie, vn qui auroit conspiré contre la personne propre de leur Neguz, ou Empereur, en se baptisant là dessus auant que d'estre emprisonné, demeuroit absous. 1. Cor. 15.

Ainsi les proprietez du feu sont en premier lieu d'esclairer & luire; & cela luy est commun auec le soleil; mais il en est par trop surmonté. En aprés, d'eschauffer, digerer, & cuire; ce que ce luminaire fait aussi primitiuement, comme on peut voir en ce que la terre produit: mais pource que la chaleur naturelle ne les ameine pas pour nostre vsage du tout iusqu'au dernier & parfait degré de maturité, le feu supplée en la pluspart à ses manquemens & defauts, pour le regard de la cuisson de ce qu'on mange; car mal-aisément en pourrions-nous faire nostre profit estant crud, là où cuit au feu il est de plus facile digestion, & moins corruptible, comme ayant moins de cruditez. En apres, le feu separe les choses estranges & dissemblables; & apres auoir osté les superfluitez corrompantes; l'aqueuse humidité à sçauoir, qu'il chasse hors; & l'onctuosité oleagineuse, qu'il brusle & consume, auec les terrestreitez qui en restent; il rassemble finablement, & vnist en vn nouueau composé, les pures homogenerez: lequel composé consiste adonc, d'ame, d'esprit, & de corps, inseparables desormais & incorruptibles: lesquels se rapportent aux trois mondes; l'ame à l'intelligible, l'esprit au celeste, & le corps à l'elementaire: mais ce n'est pas vne ame raisonnable, ou sensitiue, ny vn esprit vital tel qu'és animaux, ains substances qui leur equipollent. Cela se peut voir au verre, qui est vne image de la pierre Philosophale; dont Raymond Lulle enquis de la confection de ladite pierre, & comment on y pourroit paruenir, respondit, *Ille qui sciet facere vitrum*; parce que leurs manieres de proceder se ressemblent. Et telle deuoit estre ceste precieuse substance, qu'Hermolaus Barbarus en ses annotations sur Pline, & Appian en ses recherches des Antiquitez, alleguent auoir esté trouuée en vne vieille sepulture du territoire Padoüan, n'y a pas cent ans; ayant ce distique auec deux autres:

Namque elementa graui clausit digesta labore
Vase sub hoc modico, maximus Olybius.

Le Romain Morienes au Roy Egyptien Calid, en son traicté de la transmutation metallique; *Quiconque aura bien sceu nettoyer & blanchir l'ame, & la faire monter en hault; & aura bien gardé son corps, & osté d'iceluy toute obscurité & noirceur, auec la manuaise odeur; elle se pourra lors remettre en son corps; & à l'heure de leur reconionction apparoistront de grandes merueilles.* Rhases encore en vne sienne epistre: *Ainsi chaque ame se reconioint à son premier corps, laquelle en aucune maniere ne se pourroit reünir à vn autre : & de là en auant ne se separeront iamais plus; car alors sera le corps glorifié, & reduit à incorruption, & vne subtilité & lueur indicible : de sorte qu'il penetrera toutes choses pour solides qu'elles puissent estre; parce que sa nature sera telle que d'vn esprit.* Ce qu'il auroit emprunté d'Hermes, *omnem rem solidam penetrabit.* Chose admirable, que ces Philosophes Chymiques, soubs le voile & couuerture de ceste art, versant du tout autour des choses si materielles comme sont les metaux, & ce qui en depend, auecques leurs transmutations par le feu, ayent compris les plus haults secrets des intelligibles, & mesme de la resurrection, où il semble que cecy veut batre; en laquelle les corps seront glorifiez, & reduits comme en vne nature spirituelle, à qui nul obstacle materiel ne sçauroit contredire, ny en empescher les actions. De cela ne s'esloigne pas fort l'Apostre en la prem. aux Corinth. 15. *Le corps animal est semé, & il en ressuscitera vn spirituel; car il y en a vn animal sensuel, & vn spirituel, qui n'est pas le premier, ains l'animal sensuel; puis le spirituel vient apres.* Ie sçay au reste vn artifice, auquel ie suis paruenu en diuers subiects; que bruslant vne herbe, de ses cendres le sel extrait, & semé en terre, en renaistra l'herbe semblable. Mais il faut que ce bruslement se face en vaisseau bien clos, comme nous dirons cy-apres au sel. Et cependant nous apporterons icy vn autre de nos experiments qui ne deura point estre desagreable; de trois liqueurs surnageantes l'vne sur l'autre, sans jamais se mesler ny confondre ensemble, quelques brouillées qu'elles puissent estre, qu'elles ne retournent en leur assiette & separées; pour representer les quatre elemens en vn petit vaisseau de verre, où vn peu d'esmail noir grossierement concassé tiendra lieu de la terre au fonds. L'eau se fera ainsi; Ayez du tartre calciné, ou des cendres graueleés, qui est presque vne mesme chose, & laissez-les aller à l'humide, prenant la dissolution qui s'en fera la plus claire que vous pourrez; & meslez parmy vn peu de roche d'azur, pour y donner la couleur d'eau de mer. Notez icy vne maxime, & cela soit dit en passant, pour ceux qui s'exercent en la Spagirique; qu'en vne de ces resolutions à l'humide qui se font de par soy, tous sels & alums se depurent & subtilient plus que non pas en douze ou quinze dissolutions qui se feroient auec le vinaigre, & autres semblables dissoluans. Tout ce qui se dissoult au reste, est de nature de sel, & d'alun, comme dit Geber. Pour l'air, ayez de fine eau de vie, que vous teindrez en bleu celeste auec vn peu de tornesol; & pour le feu, de l'huille de been: mais pource qu'elle est plus rare, prenez de l'huille de terebenthine, qui se fera en ceste sorte: Distillez de la terebenthine commune en baing Marie: monteront ensemble l'eau & l'huille aussi blanches & transparentes l'vne que l'autre; mais l'huille surnagera à l'eau. Separez-les par vn entonnoir de verre; & teignez ceste huille en en couleur de feu, auec de l'orchanette & du saphran. Les trois liqueurs iamais ne se meslent, quelque demener que vous les puissiez, ains se separeront distinctement en moins de rien, en se surnageant l'vne l'autre. De la terebenthine qui sera restée dans l'alembicq, s'en extraira par le sable, en cornuë, à feu plus fort que par le baing, vne huille espoisse rouge, qui est vn tres-excellent baulme. L'eau & l'huille extraites par le baing seruent de beaucoup aussi, en plusieurs accidens de la medecine & chirurgie ; mesmement l'huille blanche à faire bien tost tomber les escarres, sans douleur, ny mauuaise impression. Que si auec l'eau de ladite terebenthine vous dissoluez du sel de plomb, vous aurez vn baulme encore bien plus souuerain. Mais il faut vn peu esclarcir mieux cecy: car puis que nous traictons icy du feu, & de ses effects ; qui empesche que nous ne nous estendions sur beaucoup de choses que nostre long labeur, & experience nous ont acquises? CESTE huille de plomb a esté vn des plus grands secrets de Raymond Lulle, & de beaucoup d'autres excellens personnages encore, qui ont fait quasi conscience de s'en souuenir ; car ce leur a esté vne entrée à des ouurages admirables. Les vns, comme Riplai, & autres, ont pris le minium du plomb ; mais il est trop gommeux, & de mal-aisée resolution, comme aussi la ceruse, & le plomb calciné : De moy, ie me suis mieux trouué du litarge, qui n'est autre chose que plomb ; car d'vne liure de litarge vous en extrairez quatorze ou quinze onces de plomb : mettez-lez en pouldre, & versez dessus du vinaigre distillé bouillant, remuant fort auec vn baston ; & en moins de rien le vinaigre se chargera de la dissolution du litarge. Euacuez le clair, & reïterez auec nouueau vinaigre tant que tout le litarge soit dissouls. Euaporez le vinaigre qui sera insipide comme de l'eau, tant que le sel vous demeure congelé au fonds: Ayez-en bonne quantité; & mettez-en dans vne cornuë, autant qu'elle en pourra tenir moitié pleine, & mettez-la sur le fourneau à cul descouuert, chassant à leger feu du commencement, ce qui y pourroit estre resté d'humidité estrange: Et quand les fumées blanches commenceront à apparoistre, appliquez-y vn recipient assez ample, & le luttez bien aux iointures; puis renforçant peu à peu le feu, tant qu'il vienne à estre fort grand, & la cornuë enseuelie dans les charbons, vous verrez sortir comme vn petit torrent continué à guise d'vn filet d'huille, mais blanc comme laict, & froid comme glace, lequel se viendra dans le recipient à resoudre en vne huille de couleur de hyacinthe, & odorante comme celle d'aspic. Continuez le feu tant qu'il ne sorte plus rien de la cornuë, & le laissez puis-apres s'asseoir tout le long de la nuict. Voila vostre huille tant secrette, dont ce que Raymond Lulle en a iamais dit de plus exprés, a esté vers la fin de l'epistre accurtatoire en ces termes-cy : *Ex plumbo nigro ex-*

trabitur oleum Philosophorum aurei coloris vel quasi: & scias quòd in mundo nil secretius eo est. Ce qui sera resté en la cornuë, mettez des charbons ardents dessus, & il s'embrasera comme de l'amorce de fusil: (de là vous pouuez tirer vn beau secret; car tant qu'il ne sentira l'air, il ne s'enflammera point) & se pourra derechef dissoudre auec du vinaigre, pour en faire comme deuant. Mais ce sel de plomb dissouls en de l'eau, & mieux encore de l'huille de terebenthine, se resoudra en plus grande quantité d'huille, & s'en pourront voir d'autres plus amples merueilles. PRENEZ ceste huille, que Raymond Lulle appelle son vin, & la mettez en vn petit alembic de verre au baing Marie, & en distillez l'eau de vie qui viendra à veines tout ainsi que celle du vin. Tirez-la toute tant que les gouttes & larmes se viennent manifester en la chappe, qui est signe que ce n'est plus que phlegme; lequel en estant dehors, au fonds vous restera vne huille precieuse, qui dissoult l'or; & est admirable és playes, & és grands accidens du dedans; car elle tient mesme lieu d'or potable, ayant le plomb vne tres-grande affinité, comme dit Geber, auec l'or; *cum quo conuenit in surditate, pondere, & imputrescibilitate.* Et George Riplai tres-docte Philosophe Anglois, en son liure des XII. Portes:

Oleum extrahitur inde coloris aurei,
Aut huic simile, ex nostro subtili rubro plumbo; Il entend le Minin.
Quod Raymundus dicebat, cùm esset senex,

Multo magis quàm aurum esse in precio.
Nam cùm propter senectutem vicinus esset morti,
Ex eo fecit aurum potabile,
Quod illum reiuuificauit, vt videri potest:
Hoc est illud oleum, & vegetabile menstruum, &c.

Au regard de l'eau ardente qui s'en est extraite plus inflammable que la plus fine amorce d'arquebuse, elle dissoult l'argent en subtils glaçons crystallins, qui se fondent à feu de lampe, aussi aisément que du beurre, & sont fixes comme l'argent aux mesmes espreuues du feu. Voicy au reste ce qu'en met le mesme Riplai en sa moüelle de l'Alchimie: *Præparato corpore, pone desuper hanc aquam ad spissitudinem vnius pollicis, quæ statim ebulliet super calces corporis absque alio igne externo, dissoluendo corpus, & eleuando illud in forma glaciei, cum ipsius aquæ exsiccatione. Et sic reiteretur, amouendo quod eleuatum fuerit.* Mais pour abreger, (car ceste eau de vie est en fort petite quantité, & assez mal-aisée à faire,) si vous passez deux parties d'eau de depart qui dissoult l'argent sur vne partie de sel de plomb; cela fera le mesme effect pour la transmutation des metaux; mais non pas pour le dedans du corps humain, où il ne doit estre aucunement appliqué, sinon apres de grandes dulcorations, c'est à dire sur vn demy sextier de dissolution de l'eau fort, faire [illegible] porer trois ou quatre seaux d'eau, decoulans [illegible] par vn filtre, à mesure que le feu l'enleue auec les esprits & malignité de ce feu contre nature, l'eau fort. Ne pensez pas que ie me vueille icy tant precisément arrester ny restraindre au texte de sainct Marc, ny à ce qui depend de la religion en cest endroit; combien que nostre principal but tende-là; que nous ne nous vueillions eslargir par mesme moyen és ouurages & progrez de la nature, dont la clef principale est l'Alchymie, pour de là monter iusqu'à l'archetype, le Createur, par le moyen de la Caballe. Mais nous ne voulons pas aussi reueler icy des occasions d'abuser de ceste art diuine, aux maluersations des peruers ignorans, qui pour gaigner vne piece d'argent, ne feroient difficulté de tromper le monde d'vne sorte ou d'autre; comme nous pourrions faire en leur reuelant le moyen de blanchir le cuyure à pair de l'argent, auec ces glaçons, accompagnez d'vne metalline d'or-piment, lequel ainsi iaulne-doré qu'il est, & ses eleuations rouges comme rubis, estant neantmoins broyé dans vn mortier de cuyure, & sublimé sur de *l'æs vstum*, passe dedans le col de la cornuë blanche comme argent. Que s'il est bien gouuerné auecques les susdits glaçons, feroient à la verité de grandes alterations sur le cuiure, dont on pourroit bien mesuser, parquoy nous nous deporterons d'en parler plus auant. Trop bien pouuons-nous dire, que la preparation de ce corps que Riplai entend l'argent, est de le calciner, & reduire en sel; ce qui se fait en ceste sorte: mais si au dissoluant il y a de l'eau forte, il suffit de le calciner. Prenez donques des lames d'argent, de la grandeur & espoisseur d'vne realle, & les mettez dans vn creuset, ou petit pot de terre de Paris, non plombé, lict sur lict auec du sel preparé, c'est à dire dissouls en de l'eau commune, puis filtré, congelé, & decrepité; & le laissez par dix ou douze heures entre les charbons ardens (en four de reuerberation vaudroit mieux:) tirez-le du feu, & iettez-le tout chaud encore dans vne terrine plombée, pleine d'eau; le sel se dissouldra dedans, & ce qui sera calciné de l'argent ira au fonds. Laissez-les bien resider, & les separez cautement par inclination: Puis remettez les lamines à recalciner auec nouueau sel, & reïterez comme dessus (faites euaporer l'eau ou le sel s'il est dissouls, & celuy qui en restera sera aussi bon qu'vn nouueau) à la trois ou quatriesme reïteration toutes vos lamines se trouueront reduites en chaulx; laquelle vous dissouldrez aisément dans du vinaigre distillé; car l'argent, le plomb, & le fer ne sont pas de difficile resolution, ny le cuiure aussi, à le prendre en roche d'azur: l'estain bien plus; & l'or plus que tout le reste, parce que la calcination en est fort mal-aisée: comme l'a sceu fort bien cognoistre Geber, *difficillima Solis est calcinatio completa:* il en rend les causes. Mais il y auroit trop de choses à se dilater là dessus; nous nous contenterons d'en tracer quelques ombres de ce que nostre perquisition & labeur nous en a peu par l'espace de cinquante ans acquerir de costé & d'autre, & esprouué plus que d'vne fois, pour n'en parler à la volée. Tous lesquels secrets se reuelent, comme a esté dit, par le feu. Et non de merueilles, puis qu'il descouure analogiquement les spirituelles. *Tu m'as essayé par le feu, & en moy ne s'est point troué d'iniquité*; dit le Prophete : là où voyez comme il accouple le feu auec les iniquitez, comme si c'estoit luy qui les reuelast, aussi bien qu'il fait les impuritez des metaux; où il fait la mesme operation & effect, que le sel és choses corruptibles. Car bien que les metaux soient la plus permanente substance de toutes autres, à cause de leur tres-forte composition, qui ne les permet pas aisément deiecter hors de leur forme radicale, quelque alteration qu'on leur puisse faire endurer, en pouldre, chaulx, sel, eau, huille, verre, glaçons, liqueurs, & infinies autres: ce qui n'aduient à pas vn des autres composez, elementaires, mineraux, vegetaux, animaux; lesquels estans vne fois alterez de leur forme primitiue, ne s'y peuuent puis-apres reintegrer ny remettre. Au moyen dequoy, parler du feu sans les metaux, qui en sont le vray subiect; ce seroit ainsi que se proposer vn ouurier garny de ses instrumens & outils, mais qui n'auroit point d'estoffes propres pour les employer, si qu'ils luy demourroient inutiles. Es metaux donques se peuuent reueler & considerer les plus beaux secrets de nature, moyennant les actions du feu. Que si en aucunes choses plus particulierement qu'en d'autres, elle a monstré de vouloir s'esbatre, voire de

Psau. 16.

mettre en euidence son plus grand sçauoir; il semble que ce ait esté és pierreries, & és metaux, dont rien ne se peut presenter de plus beau, & plus agreable à la veuë; ny de plus vtile & necessaire, au moins pour le regard du fer, duquel mal-aisément se pourroit passer la vie humaine, tant elle en reçoit de commoditez & vsages. Mais les pierreries, outre le simple contentement & plaisir de l'œil, n'ont rien dequoy on sceust tirer vtilité & secours en pas vn seul de nos besoins. Et si vne fois elles sont priuées de leur luisante naturelle forme, elles n'y retournent iamais plus, comme font les metaux; tant est puissant & indissoluble le premier assemblement de leurs parties elementaires, & le mélange des vnes aux autres. Parquoy il ne se faut pas esmerueiller si tant de bons esprits se sont de tout temps trauaillez à mediter sur ce subiect, & leurs diuerses transmutations; y ayans esté plus tost attirez des belles considerations qu'ils y trouuoient estre pour le contentement de leur esprit, que non pas d'vne sordide & tacquine conuoitise de gaing, qui y a fait aheurter les ignorans, lesquels ont ainsi descrié ceste diuine art, sœur germaine de la Caballe: car ce que la Caballe est és choses diuines & intelligibles, és plus profonds secrets desquelles elle penetre, l'Alchimie l'est és naturelles & elementaires qu'elle nous reuele: *Compositionem enim rei* (dit Geber) *aliquis scire non poterit, qui destructionem illius ignorauerit:* laquelle destruction se parfait par les separations que cause le feu.

LA NATVRE donques prend vn fort grand ſoing & plaiſir à elaborer les metaux, & y met vne bien grande longueur de temps pour les conduire à leur dernier degré de perfection, qui ſ'arreſte en l'or, la plus parfaicte & incorruptible ſubſtance de toutes autres, & la plus homœomere & egalle en toutes ſes parties; dont il eſt pris pour la iuſtice diſtributiue: car meſlez vne partie d'or auec trois ou quatre cens d'argent, ou de cuiure, les laiſſant fondus enſemble ioüer tant ſoit peu dans vn creuſet, chaque portion pour petite qu'elle puiſſe eſtre, de l'argent ou cuiure, aura ſucé ſa part egalle & portion de l'or. Il eſt outreplus ſi exactement depuré, qu'il ne ſe peut nullement alterer ny corrompre par quelque choſe que ce ſoit, ny en la terre, ny en l'eau, en l'air ny au feu, ny par quelque corroſif ou venin qui ſ'y puiſſe appliquer: *Non enim à cæmento corrumpitur; nec à re qualibet comburente comburitur; nec ab aqua colorificante viridi, nec diuidente mortificatur, vel deuoratur; nihil enim in eo ſuperfluum eſt vel diminutum.* Il y a ſept corps metalliques, dit Hermes, dont le plus digne & principal eſt l'or attribué au ſoleil, dont il a le nom, car le meſme qu'eſt le ſoleil enuers les eſtoilles, l'or l'eſt enuers tous corps elementaires; que choſe aucune pour bruſlante qu'elle puiſſe eſtre, ne peut bruſler; la terre ne le peut corrompre, ny l'eau ternir ny alterer, pource que ſa complexion eſt temperée en chaleur, humidité, froideur, ſechereſſe; & n'y a en luy Pontheus.

rien de superflu ny diminué. Au moyen dequoy ie trouue que ceux sont bien loing de leur compte, qui pour se garder d'estre empoisonnez se veulent seruir de vaisseaux d'or au boire & manger; car l'or ne se soucie non plus de toutes poisons & venins, qu'il feroit d'vn broüet de chappon; si font bien l'argent, l'estain, cuyure, plomb, & fer, qui s'y altereroient tout incontinent: Tout ainsi que quelque personne craintiue & de peu d'effort, qui au rencontre de quelque serpent, ou autre beste venimeuse pasliroit soudain, & viendroit à changer de couleur. Le soing, la curiosité, & trauail assidu d'infinis beaux & meditatifs esprits par l'espace de quatre ou cinq mille ans ont trouué és metaux des secrets sans nombre; & neantmoins n'ont sceu si bien faire, qu'ils n'en ayent trop plus laissé à enquerir & rechercher, combien qu'il n'y en ait que sept en tout, y compris l'argent-vif coulant. En quoy vient à s'esmerueiller, que la nature si copieuse & abondante en toutes ses procreations, qui sont si diuerses, se soit voulu contenter en cest endroit d'vn si petit nombre. Les metaux donques estans tels, dont le regime depend du feu, qui est l'vn des plus propres symboles visibles pour representer les plus cachez secrets & mysteres de la Diuinité, inuisible & imperceptible à nos sentiments; les Prophetes aussi s'en sont voulus seruir en la plus grand' part de leurs paraboles & similitudes, enigmes, allegories, & figures, où ils ont couuert & enuelopé ce qu'ils ne vouloient pas manifester si apertement; car fort peu souuent ils se sont expliquez; comme fait Isaïe au cinquiesme, où il interprete que la vigne du Seigneur des armées, dont il auoit là amené la parabole, estoit le peuple d'Israel; & les hommes de Iudah sa plante delectable. Et en vn autre endroit; *Aquæ multæ, gentes multæ sunt.* Plus Ezechiel au 23. ayant parlé de deux sœurs, Oholla, & Osoliba; il met que celle-là estoit Samarie; & cestecy, Ierusalem. Dieu par la bouche de Moyse au 28. du Leuitique, & au 28. de Deuter. menaçant les Israëlites, dit s'ils viennent à le mescognoistre, & ne gardent bien ses commandemens, qu'il feroit aussi que le ciel sur leur teste seroit d'airain, & la terre soubs eux de fer; qui sont les deux metaux les plus terrestres, & les plus durs & rebelles à se fondre, & à manier; les opposant à la dureté de ce peuple, comme il est là dit; *Ie briseray l'orgueil de vostre dureté; & vous rendray le ciel sur vous comme de fer; & la terre comme d'airain. Vostre labeur inutilement se consumera; vostre terre ne donnera point de germe, & vos arbres ne rapporteront aucun fruict.* Car les metaux ne produisent rien, ains sont steriles. Les Poëtes de leur costé en ont vsé en plusieurs sortes de metaphores & figures, comme au 6. de l'Eneide, *ferrea vox*, pour vne voix forte & resonnante. Et Hesiode appelle le chien infernal, Cerberus, χαλκεόφωνος, voix-d'airain, pource que c'est le plus resonnant metal. *Vox eius sicut æris sonabit*, en Ieremie 46. &

Origene sur le 25. d'Exode; *l'airain se prend pour la voix forte & esclatante, à cause de son resonnement.*
1.Cor.13. *Quand bien ie parlerois le langage des Anges, non que des hommes, si ie n'ay point de charité en moy, ie suis comme l'airain sonnant, ou vne clochette qui tinte.* Pindare a approprié au ciel l'Epithete de χάλκεος οὐρανός, le ciel d'airain, en la 10. des Pythiennes, à cause de la ferme solidité du firmament, que le mot emporte. Et Homere de mesme au troisiesme de l'Odyssée l'appelle πολύχαλκος; comme Euripide & Anaxagore font le soleil, vn fer embrasé; car les Poetes Grecs mettent ordinairement le fer & l'airain l'vn pour l'autre; mesmement Homere en infinis lieux; comme au 4. de l'Iliade, où Apollon pour encourager les Troyens, leur remonstre que les Grecs n'ont pas les corps impenetrables, de pierre ny de fer, qu'ils puissent resister aux coups de l'airain trenchant sans les entamer. Ce sont manieres de parler, dont ne se sont pas non plus estrangez les Prophetes qui en ont figuré la plus part de leurs solutions, soubs lesquelles estoient quelques mysteres adombrez. Que si on les vouloit prendre du tout cruement à la lettre, sans allegoriser dessus, on se trouueroit bien loing de son compte, comme dit fort bien le martyre Pamphile en la defense d'Origene, parlant de ceux qui pour fuir les allegories, estoient contraints de s'aheurter à de lourdes impertinences. *Ils le cuident de ceste sorte*, dit-il, *pource qu'ils ne veulent point admettre d'allegories en l'Escriture saincte: au moyen*

dequoy s'assubiectissans au sens literal, ils s'imaginent & inuentent de belles fables & fictions. Et de fait, comment pourroit-on prendre à la lettre cecy du 33. de Deuter. parlant d'Aser? *Ferrum, & æs calceamentum eius:* Car il ne veut pas dire qu'Aser se chaussast de fer, & d'airain; ains ne veut par là entendre que sa force & puissance, denotée tant par ces deux metaux, que par le soullier. *In Idumæam extendam calceamentum meum: mihi alienigenæ subditi sunt.* Pseau. 59. Tout cela sont figures & allegories; comme encores au 60. d'Isaïe; *Pour du cuiure ie t'apporte de l'or; & au lieu du fer de l'argent: pour du bois du cuiure; & pour des pierres du fer.* Voyez comment le Prophete obserue bien les relations, opposant le cuiure à l'or, & le fer à l'argent; & derechef le cuiure au bois, & le fer aux pierres. Car tout ainsi que l'or excelle l'argent, & les arbres les pierres; de mesme en l'ordre metallique le cuiure est plus precieux que le fer. Mais tout ne tend qu'à denoter la celeste Ierusalem mystique, qui est l'Eglise triomphante, trop plus excellente que la Synagogue Iudaïque, qui n'en estoit que la figure. Et certes qui y voudra de pres prendre garde, les Prophetes n'ont iamais parlé improprement de rien quelconque, iusqu'aux moindres mestiers & arts mechaniques; car en leurs rauissemens ils voyoient les choses en leur réel estre dedans le *Zipheret* ou soleil supraceleste, qui est le clair miroir luisant, viue source de toutes les idées, comme les idées le sont des formes. Cela est au reste bien à remarquer pour le regard des metaux, qu'ils associent communément le fer, & le cuiure pour l'affinité qui y est. *Nunquid fœderabitur ferrum ferro ab Aquilone, & æs?* Car le fer se transmuë aisément en cuiure, par le moyen du vitriol; les mettant lict sur lict en vn descensoire, à vn fort feu de soufflets, tant que le fer coulle & se fonde en cuiure; les ayant premierement arrousez d'vn peu de vinaigre, où soient dissouls du sel nitre, ou du salpetre, du sel alcali, & sel de tartre, auec du vert de gris. Autrement; mettez du vitriol en pouldre, & en distillez l'eau en cornuë; ce qui restera calciné au fonds, empastez-le auec son eau; & y esteignez des lamines ou limaille de fer rougies au feu; vous les trouuerez peu à peu se reduire en cuiure. Autrement encore: Dissoluez du vitriol en de l'eau commune: euaporez l'eau, & calcinez la congelation qui sera restée au fonds. Dissoluez-la en de semblable eau, elle deuiendra verte; euaporez-en vne partie, & mettez le reste à la caue par vne nuict, & vous aurez des glaçons verts. Rougissez-les au feu, puis les dissoluez trois ou quatre fois en du vinaigre distillé, les dessechant à chaque fois, & ces glaçons deuiendront rouges. Dissoluez-les derechef au mesme vinaigre, & esteignez dedans des lames, ou autre ferraillerie comme dessus. Bref, que par le moyen du vitriol le fer se conuertist en cuiure, comme on peut voir en des caniuets abbreuuez d'ancre, qui est faite de couperose ou vitriol. Ces

Ierem. 15.

glaçons icy font vne entrée d'vn plus hault ouurage, & de beaucoup de choses pour la chirurgie & medicaments. Mais toutes ces practiques, me pourrez-vous dire, sont longues & penibles, & plustost de fraiz que de gaing & profit. Aussi nostre intention n'est pas icy de tendre au gaing; ce liure n'est pas *de pane lucrando*, ains de penetrer dedans les secrets de nature, pour de là monter, & esleuer son esprit aux choses spirituelles, à quoy les sensibles seruent comme d'vn escallier, ou de l'eschelle de Iacob. Et n'y a gueres de plus belles considerations & remarques qu'au feu, & és transmutations metalliques. Le cuiure se transmuë d'autre-part en acier, s'il est vray ce qu'en cottent quelques Rabins sur le passage cy-dessus allegué du 15. de Ieremie, *ferrum, & æs. Vocat*, disent-ils, *Propheta ferrum æri admixtum, chalybem.* Ce qui monstre, (car il ne faut rien dedaigner d'eux) que l'acier damasquin estoit composé de fer & de cuiure; du fer à sçauoir à demy couuert en cuiure, & ramolly pour le rafermir d'auantage, par le moyen du plomb; dont voicy ce qu'en met Abuhali au liure de la nature des choses: *Faites vne petite fosse longuette dedans vne barre de fer, & y iettez du plomb fondu: puis le faites euaporer à fort feu comme de couppelle. Remettez-y de nouueau plomb par quatre ou cinq fois, & le fer s'en ramollira; que vous pourrez puis-apres rendurcir, l'esteignant dans de l'eau de forge, pour en faire des lancettes, & autres subtils ferremens incisifs, voire qui couperont l'autre fer sans s'esclatter ny reboucher*. Et de fait, on a trouué par experience, que pour bien tremper vn harnois encontre les coups d'arquebuse, on l'addoucist premierement auec des huilles & des gommes, de la cire, & semblables choses inceratiues; & puis on le rendurcist par de frequentes extinctions en des eaux qui le resserrent. Iean le Grammairien exposant ce passage d'Hesiode,

Χαλκῷ δ' εἰργάζοντο, μέλας δ' οὐκ ἔσκε σίδηρος.

Ils besongnoient d'airain, le fer n'estant cogneu; s'efforce de referer ce mot de χαλκὸς au peuple des Chalybes en la Scythie, qui trouuerent premierement, ce dit-il, l'vsage du fer & acier. Le Poëte Lucrece au cinquiesme liure a imité en cest endroit Hesiode:

Arma antiqua manus, vngues, dentésque fuere,
Et lapides, & item syluarum fragmina rami;
Et flammæ, atque ignes, postquam sunt agnita primùm,
Posteriùs ferri vis est, æríisque reperta;
Sed prior æris erat, quàm ferri cognitus vsus.

L'ACIER au reste se fait de fer le plus depuré & subtilié, si qu'il participe moins de la terrestreïté que le fer: l'artifice en est assez cogneu & commun és forges. Mais pour paruenir à celuy de Damas, il le faut premierement raddoucir de sa par trop esclatante aigreur; & apres l'auoir reduit en limaille, le rougir dedans vn creuset, & l'esteindre par plusieurs fois dans de l'huille d'olif, où aura aussi esté plusieurs fois esteint du plomb fondu; couurant le vaisseau soudain, de peur que l'huille ne s'enflamme.

me. Il y a d'autres obseruations & secrets encore, que nostre intention n'est pas de reueler tous; il suffit d'en auoir atteint les maximes.

Or tout ainsi qu'il y a vne telle affinité entre le fer & le cuiure, qu'ils se conuertissent aisément l'vn en l'autre; de mesme aussi font le plomb, & l'estain par le moyen du sel armoniac, & de certaines pouldres inceratiues, de borax, salpetre, sel de tartre, sel alcali, & autres semblables qu'on appelle les *Atincars*; Panthée en sa Voarchadumie, *oleum vitri*. L'argent-vif aussi se transmue en plomb, ou estain, selon qu'il est congelé à la vapeur imperceptible de l'vn ou de l'autre en ceste sorte. Fondez du plomb ou estain en vn creuset; puis les laissez vn peu refroidir tant qu'ils soient pris, mais chauds encore; & auec vn baston de torche, ou autre semblable, faites-y vne fosse, en laquelle vous verserez de l'argent-vif, qui se congellera soudain, mais broyable en pouldre. Reiterez cela deux ou trois fois, & le faites puis-apres descuire en du ius de mercurialle, & il se conuertira au metal, à l'odeur duquel il aura esté congelé. Il y a de la perte encore, & non petite, mais pour le moins se voit par là vne possibilité des transmutations des metaux. En cest endroit outre-plus du plomb & estain se presente vne fort belle consideration, assez mal-aisée à comprendre, & qui merite que la cause en soit recherchée. On voit par experience que ces deux metaux chacun à par-soy sont fort mols, & d'vne tendre fusion, neantmoins estans meslez ils se rendurcissent, & deuiennent plus fermes & solides: dont voicy ce que Auerrois en met au liure des Vapeurs: *Ce qui consolide & affermist l'estain est le plomb; & au reciproque l'estain le plomb: car comme la viscosité gluante qui lie leurs parties doiue consister d'humide & de sec; cela fait qu'il n'y a point de conglutination de l'estain auec l'estain: parquoy on y mesle du plomb, qui est plus humide; & auec le plomb de l'estain, qui est plus sec. Tellement que les deux meslez ensemble se fortifient l'vn l'autre mieux qu'estans separez; & de leur meslange vient à se procréer vne viscosité gluante, qui leur causé plus de dureté qu'ils n'auoient, & les lie plus fermement: tout ainsi que le sable & la chaulx en la composition du mortier.* Ce que confirme aussi Albert, liure 4. chapitre 5. de ses mineraux. Mais nous remettrons toutes ces particularitez metalliques, & leurs diuerses transmutations, à nostre traicté de l'Or, & du Verre, sur le 28. de Iob; où soubs l'or nous comprendrons tout ce qui dependra des metaux; & soubs le verre les pierreries tant naturelles qu'artificielles; & toutes les vitrifications & esmaux. Icy nous n'en prendrons que ce qui duira à nostre subiect, qui est de traicter les choses intelligibles par les sensibles, à l'imitation des Prophetes; & mesmement les metaux, & le feu, dont l'operation se fait mieux cognoistre és metaux qu'en nuls des composez elementaires. Les Prophetes donques ont mis le fer & l'airain pour vne ferme resistance. *Nec fortitudo lapidum for-*

titudo mea; nec caro mea ænea est, Iob 6. & au Pseau. 17. *Posuisti in arcum æreum brachia mea*. Plus en Michée 4. *Cornu tuum ponam ferreum; & vngulas tuas ponam æreas*. Quant au fer, pour vne dure & rigoureuse oppression, selon qu'il est dur & inflexible de sa nature, & qui suppedite presque tout: *Reges eos in virga ferrea*; Pseaume 2. plus au 4. de Deuter. *Eduxi te de fornace ferrea Ægypti*; là où le fer denote la seruitude en quoy ils estoient pour l'oppression de leurs personnes; & la fournaise de feu celle de leurs ames & consciences, constituées parmy tant d'idolatries & impietez; qui leur deuoit estre vne seruitude plus intolerable que tous les trauaux & afflictions, ny tous les plus cruels & impitoyables traictemens de leur corps, d'autant que l'ame le precelle, pour le zele qu'ils portoient à leur Dieu. De la mesme locution s'est seruy l'Ecclesiastique au 28. parlant de la mauuaise langue: *Bien-heureux est celuy qui se peut garentir de la langue mesdisante; car son ioug est vn ioug de fer; & son lien vn lien d'airain*. Mais pour l'affliction & angoisse, tout apertement au Pseaume 104. *Ferrum pertransiuit animum eius*, (parlant de Ioseph prisonnier en Egypte) *donec veniret verbum eius*. Bref, qu'il n'y a point de locutions figurées plus frequentes dans les Prophetes, que celles qui sont tirées des metaux, & du feu; lequel pour raison de ses proprietez & effects, comme ce soit l'vne des plus commodes & necessaires choses de toutes autres, selon qu'il a esté dit cy-dessus; car il cuist nos viandes, nous reschauffe & rauigore contre les froidures, nous luit & esclaire en tenebres au lieu de la clarté du soleil; & autres infinis vsages, mesmement pour l'execution des arts & mestiers: nous pouuons d'ailleurs dire que sans le fer, le feu nous seroit presque inutile pour ce regard; car Platon n'exempte vne seule art du fer, fors la potterie d'argille, au troisiesme des Loix; où il traicte fort excellemment de la vie des premiers hommes; & combien le fer & le cuiure leur auoient apporté de commoditez pour se ciuiliser & polir à vne vie plus humaine. Si que non sans cause ces pauures bestiaux sauuages des Indes Occidentales, s'esbahissoient en leur grossier entendement, comme ces gens de par deça, si aduisez & industrieux, pour vn peu d'or & d'argent inutiles à tous vsages, leur offroient ainsi liberallement des haches, scies, coignées, & autres telles ferrailleries commodes à tant d'ouurages, & qui leur pouuoient ainsi abreger ce qu'ils auoient tant de peine à ne parfaire qu'à demy, auec le feu, qui seul leur estoit pour tous instrumens & outils, auec quelques meschans cailloux poinctus. Mais on pourroit aussi alleguer à l'encontre les incommoditez & dommages que le fer apporte; car d'iceluy sont forgées toutes les armes offensiues dont les hommes s'abregent leurs iours par leurs reciproques massacres; si que c'est le vray ministre de Mars, exterminateur & ruine du genre humain, comme le qualifie Iupiter au 5. de l'Iliade:

Ἄρες, Ἄρες, βροτολοιγὲ, μιαιφόνε, τειχεσιπλῆτα; *Mars, Mars, la peste & ruine des hommes, contaminé de meurtres, renuerseur de murailles.* Ce qu'il ne pourroit faire, à tout le moins que mal-aisément, sans le moyen & aide du fer; aussi luy donne-l'on le nom de Mars. Mais voyons vn peu la belle allegorie qui se couure soubs la fiction de Venus, Vulcain, & Mars. Venus sans doute est le genre humain, qui se continuë par vne venerienne propagation de lignée. Vulcain son legitime espoux est le feu, qui luy apporte par vne amour coniugale toutes, ou la plus grand' part de ses commoditez necessaires, par le moyen de Mars le fer. Mais pource que c'est son adultere, il extermine aussi la plus grand' part de ce qu'elle procrée; & son mary maintient le fer à double vsage, bon & mauuais. Il ne faut pas mesurer au reste les ouurages du Createur par leurs incommoditez ou commoditez apparentes, *Vidit namque Deus cuncta quæ fecerat, & erant valde bona*; car cela va selon que ses creatures l'appliquent. Y a-il rien de plus beau, plus plaisant, & plus delectable à la veuë qu'vne claire flamme luisante? rien qui regaillardisse plus que sa lumiere? qui nous reconforte & soullage plus que sa chaleur? & rien d'autre-part de plus nuisible & dommageable, ny plus dangereux que le feu, qui brusle & consume tout ce où il s'attache? Vn Satyre la premiere fois qu'il le vit, s'en resiouït estrangement pour le voir si beau & lucide; mais s'en estant cuidé approcher de plus pres pour l'embrasser & caresser, quand il s'en sentit ainsi offensé auec vne extreme douleur, il ne fut iamais depuis plus possible de l'en faire accoster. Le mesme pourroit-on aussi dire du fer, que Pline appelle, *optimum vitæ, pessimúmque instrumentum*; car nous en labourons, ce dit-il, la terre, antons les arbres, taillons les vignes; auec autres infinies commoditez & vsages; mesmement pour edifier des maisons à nous mettre à couuert, & en seureté. Mais d'autre-part, nous ne l'employons pas moins, si plus non, en nos mutuels assassinats & massacres, pour nous abreger nostre vie, comme s'il nous ennuyoit de l'auoir si longue; & toutesfois elle est si courte sans les inconueniens qui l'abregent; & faisons du fer le plus pernicieux ministre & instrument de tous autres. A propos dequoy dit fort bien Isidore; *Vnde pridem tellus tractabatur, inde modò cruor effunditur.* Ce qui prouient plustost de nostre malice & deprauation, que de la faute de ceste inanimée insensible substance; laquelle ne se meut ny à bien ny à mal que par nous. Et neantmoins, dit le mesme Pline, il semble que la nature ne l'en ait pas voulu du tout excuser, ains l'en punir aucunement, le rendant ainsi subiect à la rouille plus que nul autre de ses confreres; & mesmement par le moyen du sang humain, qu'il est si apte de respandre. *Obstitit eadem naturæ benignitas exigentis à ferro ipso pœnas rubigine, à quo sanguis humanus se vlciscitur; contactum namque eo celeriùs subinde rubiginem trahit;*

Liure 34. chap. 14.

Et de fait, il n'y a rien qui face pluſtoſt rouiller le fer que le ſang humain. Mais ceſte rouille, puis que nous y ſommes tombez icy à propos, n'eſt pas inutile du tout, ains tres-ſalutaire à beaucoup de bons effects, tant dedans le corps que dehors; outre ce qu'il ſen fait des teintures; parquoy il n'y aura point de mal d'en toucher en ceſt endroit quelque choſe, & en reueler ce que l'experience nous en a manifeſté de plus rare, & plus important; mais cela ſe manie en diuerſes ſortes. Prenez donques de la limaille de fer bien nette, & l'arrouſez d'vn peu de vinaigre diſtillé, la laiſſant ainſi à la caue par deux ou trois iours, ou autre lieu fraiz & humide; & elle ſe conuertira toute en rouille, que vous broyerez bien ſubtilement dedans vn mortier de fer, ou de pierre. Mettez-la en vn petit pot, & verſez deſſus du vinaigre diſtillé bouillant, les remuant bien fort auec vn baſton, ou verge de fer, & le vinaigre ſe chargera de la diſſolution de la rouille. Verſez-la par inclination, & y remettez d'autre vinaigre, reiterant cela tant que toute l'aluminoſité & teinture du fer ſoit diſſoulte, & que rien n'en reſte que des terres noires & mortes, que vous ietterez. Faites euaporer le vinaigre fort doucement, & il vous reſtera vne pouldre de couleur canellée, que les Chymiques appellent *crocum ferri*, ſaffran de fer, lequel ſe fait auſſi mettant des menuës ferrailleries à calciner au four des verriers, par trois ſepmaines ou vn mois: & ils ſe reduiront en pouldre deliée & impalpable comme farine, rouge comme sang; mais elle ne se dissoult pas mesme dans les eaux forts. Il n'y a boli armeni, ne terre sigillée qui s'y puissent accomparer, à qui en sçaura bien practiquer les proprietez & effects consemblables. Au regard de la precedente, ayez du phlegme d'eau de vie, & en faites là dessus tout de mesme que vous auez fait auec le vinaigre distillé sur la rouille; il s'en dissoudra plus de la moitié. Retirez vostre phlegme par vne legere distillation; & sur la gomme qui en restera congelée, iettez de fine eau de vie, remuant fort auec vn baston sur des cendres tiedes; car il ne la faut pas tant chauffer que le vinaigre, & le phlegme: & quand l'eau de vie sera bien chargée de sa dissolution, retirez-la par vne lente distillation en baing Marie en vn alembicq; car elle vous seruira derechef comme auparauant: Et si elle est fort propre aux dysenteries & flux de ventre, & aux estiomenes & gangrenes des coups d'arquebuses; comme aussi est de fort grande efficace le second *crocum* tiré par le phlegme; & plus encore ce troisiesme par l'eau de vie, qui restera en pouldre iaulne, la vraye essence du fer, qu'on a cherchée iusqu'en son centre. Mais en toutes les dissolutions prenez garde de les laisser bien reposer, & n'en receuoir iamais que le clair, pur & net, sans aucunes feces ne residences; plustost mettez-les par vne heure en vn bain tiede pour les clarifier. Le vinaigre au reste & le phlegme se peuuent filtrer; l'eau de vie non, à cause de son

onctuosité,

onctuosité; qui la rend plus mal-aisée à se separer de ses residences; parquoy il faut attendre qu'elle s'esclarcisse.

VOILA les trois terres, & les trois dissoluans, procedans les vnes & les autres du vegetal, à sçauoir le vin, la plus excellente substance de toutes les vegetales, que le philosophe Callisthenes appelloit le sang de la terre. OR pour l'affinité qui est entre le fer, & le cuyure, nous poursuyurons icy tout d'vn train quelques experiments procedans dudit cuyure. Prenez, pour abreger d'autant, de la roche d'azur, qui est vne miniere de cuyure, dont elle vous rendra plus de douze onces de net & liquide pour liure. Mais nous serons contraints icy de faire vne petite digression pour seruir d'aduertissement: Es dissolutions metalliques (& cela soit vne maxime) on doit plustost prendre les minieres cruës, & venans de la terre, que non pas les metaux accomplis; & ce pour trois raisons: La premiere, que cela vous excuse du labeur & longueur de temps de les calciner pour les rendre dissolubles: La seconde, qu'en vne dissolution de miniere vous vous trouuerez plus de sel, & l'extrairez plus aisément que non pas en six d'vne chaulx d'iceux. Et la tierce, pource que les esprits du metal ne sont pas si auant encore emprisonnez dedans leur masse corporelle, ains comme en la superfice dans ceste miniere, & en trop plus grande abondance; là où quand elle a passé par la rigueur & aspreté du feu, pour en sepa-

Raymond Lulle au Codicille.

rer le metal, la pluspart de ses esprits se dissipent; & le reste se submerge & rembarre au profond du corps, dont il est plus difficile de l'arracher: De façon que puis-apres l'huille est plus mal-aisée à extraire du sel de la dissolution des chaulx, que de celuy qui aura esté tiré des minieres. Prenez donc de ceste roche d'azur pour le plus court; ou si vous n'en auez, de l'*æs vstum*, que nous faisons, couppellans du cuyure auec trois parties de plomb; (le verd de gris est trop gommeux, & mal-aisé) ou faisans fleurir de la limaille de cuyure, tout ainsi que nous auons cy-dessus dit du fer, y adioustant vn peu d'eau fort. Vuidez le clair, qui sera verd comme esmeraude; & poursuiuez en tout & par tout comme du fer, tant que le sel ou gomme vous demeure au fonds congelée, propre à des vlceres cauerneux, & plusieurs autres effects de la chirurgie. Vous pourrez encor gouuerner ceste gomme, auec le phlegme, & eau de vie, comme vous auez fait le fer; & de la premiere gomme mesme extraite par le vinaigre, en tirer vne huille, ainsi qu'il a esté dit du plomb. Au regard des terres qui seront restées de la dissolution de l'eau de vie, sans plus s'y vouloir dissoudre, ny rien y laisser de teinture, non pas s'en disioindre que mal-aisément; ny l'eau de vie se clarifier, ains demeurent empastées ensemble, comme du laict auec de la farine; car elles seront blanches, apres les auoir bien desseichées au soleil, ou deuant vn feu lent; mettez-en sur vne lamine de fer ou de cuyure chauffée; & si elles ne fument point, c'est signe qu'elles sont du tout priuées de leurs esprits: Toutesfois mettez-les en vne cornuë à cul nud entre les charbons, & acheuez de dessecher; puis sur la fin donnez feu de calcination. Iettez de l'eau de vie dessus, pour en dissouldre ce qu'elle pourra, & euacuant la dissolution, acheuez de dessecher l'humidité qui y pourroit estre restée, donnant derechef feu de calcination à la fin; & remettant de l'eau de vie dessus pour acheuer d'en extraire tout le sel qui y pourroit estre: ce qui se parfera à la trois ou quatriesme reiteration. Ie vous ay mis en vne addresse à de grands effects, où ie ne pretends pas de vous mener par la main d'auantage, pour ne faire tort aux bons & curieux esprits, qui par leurs longs labeurs & perquisitions se seroient trauaillez d'obtenir ce que les autres auroient eu à trop bon marché: & aussi à ce que nous reseruons pour nostre traicté de l'or & du verre, où nous esclarcirons ce qui aura esté laissé icy imparfait, ne l'ayant atteint que du bout des levres: parquoy nous n'en prendrons que ce qui sera necessaire pour esclarcir ce que les Prophetes en ont touché en leurs paraboles & similitudes. En premier lieu des deux parfaits, l'or & l'argent, où ils ont le plus insisté en la bonne part; car les imparfaits, estain, cuyure, & fer, ils les ont ordinairement appliquez à la mauuaise, pour les vices & deprauations, contumaces & duretez; & le plomb pour les vexations

& molestes: l'or pour la droicte creance, foy, pieté & religion; & en somme tout ce qui concerne l'honneur & seruice diuin: l'argent, pour les bonnes charitables œuures de misericorde, deuës à l'endroit de nostre prochain. Tellement que ces deux metaux representent les deux tables du decalogue: Et ne seroit pas hors de propos d'en faire vn parement d'autel; la premiere d'or, contenant quatre preceptes, en lettres azurées qui denoteroient le ciel; & l'autre d'argent en lettres vertes denotans la terre. Origene Homelie 2. sur ce texte du premier des Cantiques; *Muranulas aureas faciemus tibi, cum clauis argenteis*, triomphe d'allegoriser. *L'espece de l'or*, ce dit-il, *tient la figure de la nature inuisible & incorporelle*, (& ce pour estre ainsi d'vne substance si homogenée & subtile, que rien ne se peut estendre plus delié) *& l'argent represente la vertu du Verbe, suyuant ce que le Seigneur dit au 2. d'Osée; Ie vous ay donné de l'or & de l'argent, & vous en auez fait des idoles de Baal. Mais nous faisons des idoles de l'or & argent de la saincte Escriture, quand nous destournons le sens d'icelle à quelque interpretation peruertie; ou que nous y voulons pindariser par des elegances, comme si la verité consistoit en ces fleurs vaines de Rhetorique: Car en ce faisant nous ouurons nostre bouche, ainsi que si nous en voulions engloutir & humer le ciel, pendant que nostre langue leche la terre. Demesme que si le Prophete voulait dire; Ie vous ay donné & sens & raison par où vous me deussiez recognoistre pour vostre Dieu, & me reuerer; mais vous les* *auez destournez à en adorer des idoles : par le sens estans designées les interieures cogitations qui les represente ; & par la raison qui est le λόγος, la parole ; car il signifie l'vn & l'autre, que l'argent denote ; Eloquia Domini, eloquia casta, argentum igne probatum : si qu'on prend l'argent brasé au feu pour la langue du iuste ; Nónne sunt verba mea sicut ignis ? Mais les Cherubins sont dits estre d'or, pource qu'on les interprete pour la plenitude de la science diuine : Et le tabernacle de l'alliance d'or aussi, à cause de ce qu'il portoit le type & image de la loy de nature, où consistoit l'or de science. Tellement que l'or est referé à la conception & pensée ; & l'argent à la parole ; selon que l'a touché le Sage és Prouerbes 25. Sicut mala aurea cum retibus argenteis ; ita qui loquitur verbum in tempore suo.* Psea.11. Ierem.23.

Iusqu'icy Origene : mais voulons-nous ouïr ce que met le Zohar, où Origene a pesché la plus part de ses plus belles & profondes meditations & allegories, à propos de ces pommes d'or enchassées dans des rets d'argent ? *L'or d'enhault est l'or sagur, ou enclos & enueloppé : celuy d'embas est plus exposé à nos sentimens.* (Rien ne sçauroit mieux conuenir au Messihe qui est le vray or pur d'Euilah, mentionné en Gen. 2. Celuy qui est renclos dans de l'argent ; sa diuinité à sçauoir renfermée dans l'humanité.) *Au tabernacle* (poursuit le Zohar) *estoient meslez l'or & l'argent, pour assembler le diuin mystere d'enhault en vn subiect, où la souueraine perfection fust trouuée : mais les Cherubins estoient tous d'or, denotans la nature Angelique, qui ne participe d'aucune corporeité ; sans rien d'ar-*

gent ny de cuyure meslé parmy. L'or dans l'argent denote
Pseau. 88. *la misericorde, pour laquelle tout cest Uniuers fut basty* (*mundus misericordia ædificabitur*) *& sur qui est estably*
Isaie 16. *le thrône de Dieu*; (*Præparabitur in misericordia solium eius.*) *Mais la rigueur du iugement est designée par le cuyure, qui approche en couleur du sang; sans l'effusion aussi duquel ne se fait point de remission. Et c'est pourquoy il fut ordonné à Moyse, d'en dresser vn serpent au desert, pour guerir ceux qui estans mords de la vermine ietteroient leur veuë dessus.* L'or au reste, l'argent, & le cuyure sont les trois metaux qui s'allient ensemble, pour faire le *Chasmal* ou electre d'Ezechiel. Et y a vne belle meditation sur les trois couleurs dont ils sont. Le blanc de l'argent, qui represente l'eau, est la misericorde, designée par la particule *Iah*, assignée au Pere, que l'Apostre aux Rom. 3. appelle le pere des misericordes. Le cuyure qui en sa rougeur imite le feu, c'est la rigueur & seuerité de Iustice, que les Hebrieux appellent *Din*, attribuée au sainct Esprit;
S. Luc 12. contre lequel si aucun blaspheme, il ne luy sera pardonné en ce monde icy, ny en l'autre. Le troisiesme au milieu des deux, est la citrinité de l'or, composée de blanc & de rouge, comme on peut voir au saffran, au sang, vermeillon, & autres semblables destrempez en de l'eau, qui est blanche, car de là se procréera vn iaulne doré. *Citrinitas enim nil aliud est* (dit Geber) *quàm determinata albi & rubei proportio*. Et est ceste citrinité dorée attribuée au Fils, qui participe de misericorde & iustice; suyuant ce

qui en est dit au 16. de l'Ecclesiastique, *Quoniam misericordia & ira est cum illo.* Mais le letton qui en son exterieur a quelque ressemblance d'or, & par le dedans est tout impur & corrompu, denote l'hypocrisie, qui soubs vn masque de pieux zele de religion, couue ses iniques desirs & ambitions detestables, impietez, opinions erronées, conuoitises, rancunes, animositez, vengeances, & autres iniques & peruerses intentions. La blancheur de l'argent d'vn costé dont ce letton participe, car il n'est qu'à seize carats, estant palliée par la rougeur du cuyure, qui luy cause sa citrinité; mais ceste rougeur ne sont que cruautez & malices qui corrompent la syncerité debonnaire. *Si vos pechez estoient* Isaïe 1. *rouges comme escarlatte ou vermeillon, ils seront blanchis comme neige.*

AV REGARD du plomb, il est mis pour les vexations & molestes dont Dieu nous visite, par le moyen desquelles il nous rameine à resipiscence. Car tout ainsi que le plomb brusle & extermine toutes les imperfections des metaux, dont Boethus l'Arabe l'appelle l'eau de soulphre, de mesme la tribulation nous despoüille icy bas de beaucoup de macules que nous y pourrions auoir contractées; si que sainct Ambroise l'appelle la clef du ciel, suiuant ce qui est escrit au 14. des Actes; *Il nous faut entrer par beaucoup de tribulations au Royaume de Dieu.* L'Apostre aux Rom. 5. vse d'vne fort belle gradation: *Tribulation engendre patience; patience probation;*

& probation, esperance; laquelle ne confond point, pour-autant que la Charité de Dieu est espanduë en nos cueurs par le SAINCT ESPRIT *qui nous a esté donné.* Le feu denote aussi la tribulation, dont le mesme sainct Ambroise sur le Pseaume prem. *Le feu*, dit-il, *brusle la cire, qui se fond pour estre purgée; & nous sommes esprouuez par le feu; car Dieu desirant conuertir le pecheur, le chastie, & le brusle pour le purger. Ignis enim credentibus lux; incredulis, supplicium*, dit fort bien sainct Ierosme sur Ezechiel; Que le feu illumine les croyans, & aueugle les infidelles, ne leur seruant que de fumée, qui les fait pleurer & offusque; *sicut fumus qui noxius est oculis.* De laquelle fumée la maison d'Israël fut toute remplie & obtenebrée. Que les iustes donques se resioüissent, quand ils se retrouueront sur ce texte du 49. Pseaume: *Ignis in conspectu eius exardebit*; car ils en seront illuminez: & les obstinez pecheurs bruslez du mesme, ayant ces deux proprietez d'esclairer & brusler. Au regard de celuy qui esclaire, il faut que ce soit le S. ESPRIT, qui est le vray feu, qui l'allume en nos cueurs, & non pas nos folles & peruerties opinions, vaines & erronées, qui nous auroient bien-tost tirez à ce que le Prophete dit, *Voicy que vous tous tant que vous estes, allumez vn feu, & estes entourez de ses flammes. Cheminez donc à la lumiere de vostre feu, & des flammes que vous auez réueillées; & vous dormirez en douleurs*: Par là, dit Origene, il semble que les pecheurs s'allument eux-mesmes le feu duquel ils doiuent

Prou. 10.
Isaye 6.
Isaïe 50.

doiuent estre cruciez. (*Perditio tua ex te, Israel.*) Et Ezechiel au 28. *Ignem producam de medio tui, qui deuoret te, & dabo te in cinerem super terram.* La matiere au reste qui l'entretient, ce sont nos iniquitez & offences; *Ardebit sicut ignis iniquitas eorum.* Et en l'Ecclesiastique 7. *Vindicta carnis impij, ignis & vermis:* ce qui bat sur ce que sainct Marc 9. allegue d'Isaie 66. *Quorum ignis non extinguitur, nec vermis moritur:* car l'vn & l'autre sont sans fin, le feu à sçauoir qui les brusle; & le ver qui ronge leurs consciences en ce monde, & en l'autre les tourmente perdurablement. Là où au contraire, si Dieu l'allume, nous pouuons dire auec l'vn de nos bons anciens Peres; O heureuse flamme ardente, mais non bruslante; illuminant, & non consumant; Tu transformes ceux que tu touches, de sorte qu'ils meritent mesme d'estre appellez Dieux. Tu as eschauffé les Apostres, lesquels quittans là toutes choses fors toy, ont esté faits enfans de Dieu. Tu as eschauffé les Martyrs qui en ont respandu leur sang. Tu as eschauffé les Vierges, qui du feu de l'amour diuin ont esteint l'ardeur de concupiscence. Les Confesseurs pareillement, qui se sont separez du monde, pour se ioindre & vnir à toy. Tellemét que toute creature par la beneficence de ce feu se repurge de ses coinquinations & ordures: & n'y a rien qui s'exempte de sa chaleur, s'il veut paruenir à iouïr du consorce de Dieu. Car c'est ce feu qui s'embrase en nous par les allumettes du SAINCT ESPRIT, moyennant nos tribulations

Osee 13.

Isaie 8.

temporelles, qui nous rameinent plus à Dieu que nulle autre chose: dont le plomb est vn de leurs symboles, faisant les mesmes operations és metaux que l'affliction fait enuers nous. Il y en a vn si beau traict dans le 6. de Ieremie, soubs la figure d'vne couppelle, que ie ne pense pas qu'il y ait orfevre, affineur, ny metallaire qui en parlast plus proprement: *Ils sont tous plus corrompus*, parlant du peuple Iudaïque, *que le fer ny le cuyure. Le soufflet a manqué au feu, & le plomb est consumé; l'affineur s'y est trauaillé en vain; car leurs mauuaistiez ne sont pas encor consumées. Appellez-les donc argent-faux reiecté, car le Seigneur les a reprouuez.* Surquoy Rabi Selomo s'est vn peu entretaillé pour n'auoir bien entendu le fait des couppelles, y ayant voulu adiouster du sien. *Le Prophete*, dit-il, *parle icy de Dieu comme d'vn orfevre, lequel voulant purger de l'or, y met du plomb, ou de l'estain, afin que le feu ne consume l'or; car apres que le plomb est consumé, le feu nuist à l'or en le consumant.* Voyez que c'est de parler à la vollée des choses qu'on n'entend pas, car on se laisse aisément aller à de lourdes absurditez. Il y a icy deux fautes si apparentes, que les apprentifs mesmes s'en moqueroient: l'vne de mêler de l'estain à la couppelle ou cendrée en lieu de plomb, car il n'y seroit pas propre; aussi le Prophete s'en est bien gardé. Voicy ce qu'en met Geber au chapitre de la cendrée: *Les metaux qui participent moins de la substance d'argent vif, & plus de celle du soulphre, se separent plustost & plus aisément de leurs meslan-*

ges: Tellement que le plomb, pource qu'il a beaucoup de terrestreitez sulphureuses, & peu d'argent-vif, & est de plus tendre & legere fusion que nul autre, dure le moins à la couppelle, & s'en separe le plustost: parquoy il est le plus propre à cest examen, pource qu'il emporte auec moins de temps & de peine les impuritez des metaux imparfaits, qui sont meslez auec l'or & l'argent, sur lesquels il n'a point d'action, & par consequent y apporte moins de dommage: là où à cause que la substance de l'estain participe de beaucoup d'argent-vif, & de peu de terrestreité soulphreuse, si qu'il est plus pur & subtil, d'autant se mesle-il plus profondement, & adhere plus fort à l'or & l'argent, dont il se separe plus tard & mal volontiers, auec autant de leur perte & deschet. L'autre erreur est de cuider que quand le plomb à la couppelle en a exterminé les metaux imparfaits, & luy mesme s'en est allé partie en fumée, partie bruslé, partie inuisqué dedans les couppelles, comme en litarge vitrifiée; le feu peust de rien nuire à l'or: car estant pur & fin, il y demeureroit mille ans, sans en estre endommagé d'vn seul grain: *Cui rerum vni nihil deperit, tutò etiam in incendijs rogísque durante materia*, dit fort bien Pline parlant de l'or; comme on le peut voir par experience. Le Prophete dit doncques, & si proprement que rien plus; que tout ainsi que quand il y a tant d'impuritez meslées auec l'or & l'argent, que pour les en repurger il y faut remettre du plomb plus d'vne fois: Tout de mesme les iniquitez des Iuifs estoient si grandes, qu'il fut besoin de les visiter de

Liu. 33. chap. 3.

plusieurs afflictions les vnes sur les autres, pour leur faire recognoistre leurs offenses, & s'en departir; de mesme que les Medecins qui redoublent souuentefois leurs purgations & medicaments en des corps dont la maladie est contumace & rebelle; car les tribulations & aduersitez sont en nous, ce que le feu, & le plomb sont és impuritez metalliques; *Sicut igne probatur aurum & argentum, ita corda probat Dominus*, Prouerb. 2. & au 2. de l'Ecclesiastique; *Prends en gré les calamitez qui t'arriueront, & ayes patience; car l'or & l'argent sont esprouuez par le feu, & les hommes par la fournaise de tribulations & angoisses.* Sainct Gregoire en ses Pastorales sur ce texte du 22. d'Ezechiel, qui se dilate & insiste fort en ceste metaphore & similitude: *La maison d'Israel m'est tournée en escume. Tous ceux-cy sont airain, & estain, fer & plomb, au milieu de la fournaise: Ils sont faits escume d'argent; & pourtant, dit le Seigneur, ie vous amasseray au milieu de Ierusalem, en vne masse d'argent, & d'airain, & d'estain, & de fer, & de plomb emmy la fournaise, afin que i'y allume le feu pour les fondre. Ainsi les amasseray-ie par ma fureur & par mon ire; puis me reposeray, & vous refondray: & derechef vous ramasseray, puis vous embraseray au feu de ma fureur; & serez refondus comme l'argent est fondu au milieu de la fournaise; & sçaurez que ie suis le Seigneur, quand i'auray respandu sur vous mon indignation.* Sainct Gregoire interprete cela pour les Iuifs, qui en leurs plus fortes aduersitez ne laissoient point de se detraquer à tous vices & deprauations, ne voulans point receuoir de correction, ains ne se faisans qu'empirer. Malachie au 3. vse de la mesme forme de parler: *Le Seigneur s'asserra pour fondre & purger l'argẽt: Il purgera les enfans de Leui; & les coulera comme l'or, & comme l'argent; & ils offriront au Seigneur sacrifices en iustice.* Voyez comme là endroit se rapportent fort bien l'or à la foy & religion, & l'argent aux œuures; dont si l'vn & l'autre ne sont bien nets, en vain les voudrions-nous presenter à Dieu. Et faut que tout cela se parface par le feu; selon que parle le Psalmiste, *Tu as esprouué mon cueur, & l'as visité de nuict: Tu m'as examiné par le feu, & en moy ne s'est point trouué d'iniquité.* Car comme dit sainct Chrysostome, le feu selon la volonté de Dieu fait diuerses operations. Il n'endommagea aucunement les trois enfans dans la fournaise, & brusla ceux qui estoient au dehors: Tout de mesme que la mer donna passage à pied sec aux Israelites; & submergea Pharaon, & les siens qui les poursuiuoient. Il y a vn feu, ce dit sainct Ambroise sur le Pseaume 38. qui de son ardeur deuore la coulpe, & efface le peché; mais il ne faut pas entendre le feu materiel d'icy bas; car il n'a rien de commun auec la spiritualité, sinon que par vne analogie & correspondance; y ayant trop de disproportiõ entre les choses intelligibles & les sensibles; comme au 20. de Ieremie; *Et erat ignis flammigerans in ossibus meis.* Somme que toute l'Escriture saincte est farcie de ces manieres de parler, tirées du feu, & des

Pseau. 16.

metaux; comme au 2. d'Haggée; *Meum est argentum, meum est aurum, dicit Dominus exercituum.* L'or, l'argent, & tous les metaux, voire generallement toutes choses quelconques, encore qu'elles se puissent dire estre de Dieu, comme dit fort bien sainct Ierosme, pourautant qu'il les a creées, & leur donne estre, subsistance & maintenement (*Domini*
Pseau. 23. *est terra & plenitudo eius*) neantmoins cest or & argent que Dieu plus particulierement allegue icy estre siens, se doiuent mystiquement entendre; par l'argent les Docteurs interpretans la loy de bouche,
Pseau. 11. *eloquia Dei, eloquia munda, argentum repurgatum in fusorio, à terra repurgatum septuplum*: Et par l'or, la loy escrite (dit le Zohar) où il y a bien de plus belles meditations à considerer; car il n'y a forme de lettre, poinct, ny accent, qui n'importe quelque mystere; comme il est particulierement specifié au *Ghinah Egoz*, ou Iardin du noyer de Rabi Ioseph Castiglian. D'autre-part, l'argent se rapporte au vieil Testament, & l'or au nouueau. Origene confronte la foy à l'or; & la confession & predication d'icelle, à l'argent: celuy-là aux conceptions de la pensée; & cestuy-cy à la parole & enonciation qui s'en fait de bouche, qui l'exprime & met en dehors.
Prou. 10. *Argentum electum lingua iusti.* Desquels deux metaux, à sçauoir de la droicte foy, & pureté de conscience, & de la confession verbale, le temple & Eglise de Dieu au Christianisme, & la gloire d'iceluy en estoit plus grande, que non pas

en la loy Iudaïque, qui n'en estoit qu'vne ombre obscure : si que l'or designe le cueur, qui correspond au soleil, & au feu ; & l'argent les paroles auec le sel dont elles doiuent estre assaisonnées. *Propinquum est tibi verbum in ore tuo, & in corde tuo,* Deut. 30.
vt facias illud. Ce que l'Apostre appropriant ; *Si tu* Rom. 10.
confesses le Seigneur IESVS *de ta bouche, & que tu croyes en ton cueur que Dieu l'a ressuscité des morts, tu seras sauné : car on croit de cueur pour estre iustifié ; & on confesse* 1. Cor. 3.
de bouche pour auoir salut. C'est l'or & l'argent qu'il veut qu'on edifie sur son fondement : l'or d'*Euilah* qui croist dedans le paradis terrestre, auec l'escarboucle & l'esmeraude, que le Psalmiste au 67. appelle la verdeur de l'or.

VOILA les depuremens qu'opere le feu où il passe, & mesmement sur les metaux, qui sont de la plus forte & persistante composition qu'aucune autre elementaire substance : parquoy nous y auons vn peu insisté, à cause que les Prophetes y ont fondé la pluspart de leurs allegories : où il faut noter qu'ils ont communément mis les imparfaits, plomb, estain, fer, & cuyure, en mauuaise part ; & l'or quelquefois aussi, comme en Ieremie 51. *Calix aureus Babylon.* Et au 2. de Daniel, parlant à Nabuchodonosor ; *Tu es caput aureum.* Plus au 31. de l'Ecclesiastique ; *Multi sunt in auro casus.* Le Zohar mesme l'appelle la fiente de Sathan, suiuant ce texte de Iob 37. *Ab Aquilone aurum venit* ; car le Septentrion est tousiours pris des Caballistes en en mauuaise part, à cause que le soleil n'y passe iamais, & se rapporte à la minuict, où les puissances nuisibles y sont en leur plus grand' vogue & vigueur; comme au contraire le midy en la bonne. Il ne faut pas entendre au reste que Iob vueille dire que l'or vienne des parties Septentrionales; car il n'y en croist point pour raison de leurs continuelles froidures; ains qu'en quelque lieu qu'il se procrée, c'est le plus ordinairement deuers le Septentrion, contre lequel le soleil comme en vne butte darde ses raiz, estant à la partie Meridionalle, tout de mesme que les bons vins. Et à ce propos Francisco Ouiedo liu. 16. chap. 1. de son histoire generale des Indes, parlant de l'Isle du Borichen, met cecy: *L'Isle du Borichen, autrement dicte de sainct Iean, est fort riche en or, & s'y en tire grand' quantité, mesmement en la coste du Septentrion, comme en la partie opposite, deuers le Midy, elle est fort fertile de victuailles.* Ce qui s'est aussi trouué tout de mesme en l'Espagnolle. L'or donques est aucunefois mis en mauuaise part, comme au Veau d'or que les Israelites fondirent en l'absence de Moyse; dont, ce dit vn de leurs Rabins, il ne leur aduint iamais calamité & misere, qu'il n'y eust vne once de ceste idole meslée parmy. Mais l'argent à cause de sa blancheur, qui denote misericorde, est tousiours en la bonne, & premier en date que l'or; ainsi qu'en Haggée 2. *Meum est argentum, & meum est aurum.* Les Onirocritiques aussi tiennent que songer de l'or, denote quelque

prochaine

prochaine affliction, à cause qu'il conuient en couleur auec le fiel, & la sanie des oreilles, deux substances extremement ameres; & l'amertume signifie fascherie, angoisse, & douleur; comme les perles des larmes, pour la ressemblance qu'elles ont ensemble : mais l'argent leur denote ioye & alaigresse. Et pourtant, dit le mesme Zohar, l'or est attribué à Gabriel, & l'argent à Michel, qui luy est en ordre superieur, le cuyure à Vriel, pource qu'il represente en couleur le feu, dict Vr des Chaldées. L'or, dit-il, & le feu marchent ensemble; & le cuyure auec eux, dont estoit basty le petit autel d'au-dehors, sur lequel s'espandoit le sang des victimes: & celuy de dedans estoit d'or, en Exode 38. & 39. L'argent est la lumiere primeraine du iour, & Iacob; & l'or celle de la nuict, & Esau ou Edom, le roux. L'argent represente le laict; & l'or le vin, denotant l'astuce & cautelle, dont il est dit en l'Ecclesiaste 2. *I'ay proposé de retirer ma chair du vin, afin de m'adonner à la Sapience.*

MAIS pour retourner à nostre propos principal, le feu entre ses autres proprietez & effects est fort purificatif; & tout ainsi qu'és chairs, & autres corruptibles substances, le sel consume la plus part de leurs humiditez corrompantes, le feu fait aussi le mesme: & analogiquement le feu spirituel, qui n'est autre chose que l'ardeur charitable de l'ESPRIT SAINCT, qui nous enflamme de foy, charité, esperance, despouille les impuritez de noſtre ame, ſuyuant ce que met Iſaïe 1. *Decoquam ad purum ſcoriam tuam, & auferam omne ſtannum tuum.* Car ce lieu-cy du meſme Prophete au 10. *Et erit lumen Iſrael in igne; & ſanctus eius in flamma*: monſtre aſſez que le SAINCT ESPRIT n'eſt point lumiere ſeulement, mais feu & flamme, qui ſalle & repurge noſtre conſcience de la corruption de ſes vices & iniquitez.

LE SOLEIL auſſi, qui eſt vne image viſible de la diuinité inuiſible, tant pour ſa lumiere, que pour ſa viuifiante chaleur, dont toutes choſes ſenſibles ſont maintenuës, comme les intelligibles le ſont du ſupraceleſte ſoleil: fait le meſme effect en cas de purifier que le feu; comme on voit par experience, que les lieux où ſes rayons ne donnent point, ſont touſiours relents & moiſis; & que pour les purifier on ouure les feneſtres pour y admettre ſa lumiere; & y allume-lon d'abondant du feu, qui eſt fort propre en temps de peſte, car il chaſſe le mauuais air, comme la lumiere fait les tenebres: les mauuais eſprits auſſi, qui ont plus leur vogue à l'obſcurité; *à peſte perambulante in tenebris*; les Hebrieux appellent ce demon rauageant de nuict, *Deber: & ab incurſu & dæmonio meridiano*; ceſtuy-cy du iour & midy, *Keteb*, les Grecs *Empuſa*. Il y a au feu, ce dit Pline, certaine faculté & vertu medicinale contre la peſte, qui pour l'abſence & cachement du ſoleil vient à ſe former: à quoy lon treuue que le feu en l'allumant par cy par là, peut apporter vn fort

Suidas.

Liu. 36. ch. 27.

grand soulagement & secours en plusieurs sortes, comme le monstrerent assez autrefois Empedocle & Hippocrate. Il y eut aussi vn Medecin à Athenes, qui s'acquit beaucoup de reputation, pour y auoir fait allumer force feux durant la pestilence qui y regnoit. De façon que la vraye peste de l'ame estans ses iniquitez & offenses qui l'empoisonnent, sa theriaque & contrepoison ne se sçauroient mieux rechercher qu'au feu de contrition que le S. ESPRIT y allume. *Concaluit cor meum intra me; & in meditatione mea exardescet ignis.* Il y a aussi le feu de tribulation, dont il a esté parlé cy-dessus, qui consume nos vanitez, & desbordées concupiscences; & nous fait retourner à Dieu: dont vn de nos anciens Peres auroit dit; *Felix tribulatio, quæ cogit ad pœnitentiam:* Et sainct Gregoire; *Mala quæ nos hîc premunt, ad Deum citiùs venire compellunt.* Et c'est pour nostre plus grand bien, que Dieu nous brusle ainsi par le feu de tribulation: ce qui auroit fait dire au Psalmiste, *Proba me Domine, & tenta me: vre renes meos, & cor meum.* Et au 13. de Zacharie; car c'est vne metaphore tirée encore des metaux: *I'en feray passer la troisiesme partie par le feu; & les brusleray comme on brusle l'argent; & les esprouueray comme on esprouue l'or.* Car le feu a double proprieté, comme a esté dit; l'vne, de separer le pur de l'impur; & l'autre, de parfaire ce qui sera resté de pur: *Aufer rubiginem de argento, & egredietur vas purißimum.* Mais la proprieté de ces significations est mieux gardée en l'Hebrieu

Pseau. 38.

Pseau. 25.

Prou. 25.

qu'en nulle autre langue; où le verbe *ſzaraph* eſt ioint & attribué à l'argent, lequel ſignifie fondre & affiner; & à l'or *bahan* eſprouuer. L'vn denote és eſleuz de Dieu, vne ſainɛte pureté de conſcience par l'argent; l'autre par l'or, vne perfeɛtion de conſtance, qui ne ſe peut mieux cognoiſtre qu'en l'eſprouuant: & de là prouient la dignité, & la gloire eternelle, l'vne & l'autre acquiſe par le feu d'examen & probation. Car comme dit ſainɛt Chryſoſtome, ce que le feu eſt enuers l'or & l'argent, le meſme eſt la tribulation en nos ames, dont elle nettoye les impuritez & ordures; & les rend nettes & reluiſantes; ſuyuant ce qui eſt dit és Prouerbes 17. *Comme l'argent eſt eſprouué par le feu en la fournaiſe, ainſi eſprouue Dieu les cueurs de ſes creatures:* & en l'Eccleſiaſtique 17. *La fournaiſe eſprouue les vaiſſeaux du potier; & la tentation de tribulation les gens de bien.* Il y en a pluſieurs, dit vn des Peres, leſquels pendant qu'ils ſont rougis au feu d'aduerſité, ſe rendent flexibles & malleables; mais au partir de là le feu ſ'en eſtant abſenté, ils ſe rendurciſſent comme deuant, ſe rendans du tout inhabiles à conuerſion & amendement. Origene Homelie 5. ſur le 3. chap. de Ieſus Naué, *Qui approximant mihi, approximant igni*: Si vous eſtés, dit-il là, or ou argent, tant plus vous vous approcherez du feu, tant plus vous en deuiendrez reſplendiſſant. Mais ſi vous baſtiſſez du bois, du foin, du chaume, ſur le fondement de la foy; & que vous vous approchiez du feu, vous en ſerez conſumé. Bien-heureux donques sont ceux lesquels en s'approchant du feu en sont esclarcis, & non bruslez; selon ce qui est escrit au 3. de Malachie, *Sanctificabit te Dominus in igne ardenti.* Sainct Augustin sur ce verset du Pseaume 45. *Transiuimus per aquam & ignem*; Le feu brusle, dit-il, & l'eau corrompt. Quand il nous arriue quelque aduersité, elle nous est tout ainsi que du feu; & les prosperitez mondaines au contraire comme de l'eau. Le vaisseau de terre qui est bien recuit au feu, ne craint plus l'eau ny le feu. Recuisons-nous donques par le feu de tribulation, en la supportant patiemment; car si la poterie n'est fermemẽt consolidée par le feu, l'eau de la vanité temporelle la ramollira & destrempera comme fange. Et pourtant il nous faut passer par le feu, afin de paruenir à l'eau de misericorde & de grace, dont le Precurseur parle ainsi au 3. de sainct Matthieu; *Ie vous baptise d'eau à penitence; mais celuy qui vient apres moy, & est plus fort que ie ne suis, vous baptisera au* S. ESPRIT, *& au feu.* Duquel feu on peut voir cecy au 16. de la Sapience: *Chose admirable, qu'en l'eau qui esteint toutes choses, le feu estoit le plus puissant.* Ce qui a fait dire au mesme sainct Augustin, qu'au sacrement de Baptesme, quand on exorcise, & que on cathechise, on vient premierement au feu, & apres au baptesme de l'eau: dont le semblable aduient és tentations de ce siecle, où en l'angoisse qui nous oppresse, le feu se presente premierement; mais quand la peur en est dehors, il est à craindre qu'vn vent de vaine-gloire procedant de la felicité temporelle ne se resolue en vne pluïe qui viendroit esteindre le feu d'ardeur & de charité, que l'affliction auroit espris dedans nos ames. A ce propos du feu & de l'eau baptismale, designez par le passage dessusdit: *Transiuimus per aquam & ignem*; cela bat sur le 31. des Nombres, des repurgemens par le feu & l'eau, selon que les choses le peuuent souffrir: car le baptesme visible se fait par l'eau qui est visible, & dont le sel consiste en parties, qui n'est autre chose qu'eau congelée par l'acuité du feu y empraint; duquel sel il faut que toute victime soit sallée, c'est à dire l'homme exterieur; & le baptesme inuisible de l'homme spirituel interne, se fait par la grace du S. ESPRIT, representé par le feu qui est inuisible de soy, & inapperceuable, sinon entant qu'il s'attache à quelque matiere, ainsi que l'ame dans le corps. Ce feu-là brusle en nous les pechez mortels; & l'eau laue & nettoye les veniels, & l'originaire.

MAIS on demandera quel est ce feu, & d'où il vient, qui purifie ainsi nos ames, les reschauffe en l'amour de Dieu, & les esclaire de sa cognoissance; car on n'aime que ce qu'on cognoist; & nous ne pouuons cognoistre Dieu, ny voir sa lumiere,
Pseau. 35. que par sa lumiere (*In lumine tuo videbimus lumen*) c'est à dire par son Verbe & parole, qui a daigné se
Pseau. 118. reuestir de nostre chair: *Ignitum eloquium tuum nimis; & seruus tuus dilexit illud.* C'est ce feu donques

que le SAVVEVR dit estre venu mettre en terre; *S. Luc 12.*
& que veut-il, sinon qu'il s'allume? Car tout ainsi que Promethée apporta le feu icy bas, qu'il auoit allumé en l'vne des rouës de la carrosse du soleil; le Verbe nous l'a apporté allumé en la *mercauah* cha- *Ezech. 1.*
riot ou throne de Dieu, qui est tout de feu; comme aussi au 7. de Daniel. Origene homelie 13. sur le 25. d'Exode, *Hyacinthus, purpura, coccus duplicatus, & byssus*, met que ces quatre representoient les quatre elemens; le bysse ou lin, la terre de laquelle il prouient: le pourpre, l'eau; parce qu'il est extrait du sang d'vne coquille de mer: l'hyacinthe, en Hebrieu *Techeleth*, l'air; car c'est sans doute le bleu celeste: & le *coccus* ou cramoisi, le feu, à raison de sa couleur rouge enflambée. Mais pourquoy est-il là dit que Moyse redoubla le feu, & pas vn des autres? Pource que le feu a double proprieté; l'vne de luire & esclairer; & l'autre de brusler; les choses corruptibles, faut entendre; car sur les incorruptibles, il n'a que voir pour ce regard, sinon que pour les affiner & amender de plus en plus. *Nostre cueur* *S. Luc 24.*
ne brusloit-il pas dedans nous quand il parloit par les chemins, & nous declaroit les escritures? disoient les pelerins d'Emaus. Et c'est pourquoy il est commandé en la loy d'offrir de l'escarlatte redoublée, pour en parer le tabernacle. Mais comment se pourra faire cela? demande Origene: Vn Docteur instruisant le peuple en l'Eglise de Dieu, designée par le tabernacle; s'il ne fait que crier apres les vices, & les blas-

mer & reprendre, sans point apporter d'instruction & consolation au peuple, luy expliquant les Escritures, & le sens obscur qui y est caché, où consiste l'interieure doctrine & intelligence mystique, il offre bien de l'escarlatte, mais simple & non redoublée, à cause que ce feu ne fait que brusler, & n'esclaire pas. Que si d'autre-part on ne fait qu'esclarcir & interpreter l'escriture, sans reprendre les vices & pechez, & monstrer la seuerité requise à vn annonciateur de la parole de Dieu, on offre tout de mesme de l'escarlatte simple; car ce feu-là ne fait qu'illuminer, & n'enflamme pas les personnes à vne repentance de leurs méfaits, vne correction, & amendement de vie; à quoy coopere la grace du S. ESPRIT, qui est le feu domestique, dont il nous faut saller nos ames pour les preseruer de corruption: car il n'y a rien qui symbolise plus à la nature de l'ame, que le feu; à cause que c'est celuy de toutes les choses sensibles, qui approche le plus de la spiritualité; tant pour son continuel & leger mouuement, qui tend tousiours en contremont, que pour sa lumiere, que Plotin dit deuoir estre proprement attribuée au monde intelligible, la chaleur au celeste, & le bruslement à l'elementaire. Et d'autant qu'il participe plus de lumiere que nul des autres elemens, cela luy acquiert aussi de la precellence par dessus eux; car la terre qui est vn corps du tout immobile, tenebreux & opaque, est par consequent moindre en dignité, comme le marc & lie de tous les

les autres. L'eau, pource qu'elle a plus de clarté, est plus digne; & l'air plus encore: mais le feu est celuy qui les en surpasse; parquoy il est logé au plus hault lieu, & plus proche de la region etherée. C'est ce que Vincent autheur non à mespriser, a voulu dire en son miroir Philosophique, liure 2. chap. 33. *Chaque chose de tant qu'elle participe plus de lumiere, d'autant s'approche-elle plus de la diuine essence, qui est la parfaicte lumiere, par où Dieu commença la creation de l'Vniuers, où la premiere chose qu'il ordonna estre faite fut la lumiere; pour nous monstrer que nous deuons tousiours cheminer en lumiere, & non en tenebres.* Et au contraire, tant plus les elemens s'esloignent de la lumiere, tant plus s'approchent-ils de la dissemblance & difformité, qui est vn indice de corruption: car tant plus les parties d'vn composé elementaires sont homogenées & homœomeres, ou semblables les vnes aux autres, tant moins sont-elles corruptibles & separables; comme on peut voir en l'or, la plus proportionnée substance de toutes, & qui approche le plus du feu: ce qui auroit meu Pindare tout au commencement de sa premiere Olympienne, de ioindre ces trois, l'eau, le feu, & l'or ensemble:

ἄριστον μὲν ὕδωρ· ὁ δὲ
χρυσὸς, αἰθόμενον πῦρ, &c.

Ne voit-on pas qu'à chaque bout de champ presque la terre change de nature, & de qualité, si qu'il y en a d'infinies sortes? Des eaux non tant: l'air

est plus semblable à soy-mesme: que s'il y a des changemens & alterations, c'est par accident, ainsi que quelques maladies qui luy suruiendroient; lesquelles s'impriment plus promptement en luy à cause de sa rarité de substance, qu'en nul des autres. Le feu en est du tout exempt, estant tousiours vn, & en son tout semblable à ses parties, qui sont semblables à elles mesmes, sinon en tant que la matiere où il s'attache le feroit varier. Et c'est ce en quoy il s'approche plus de la nature celeste, qui est toute vniforme en soy, & si bien reiglée, sans rien auoir de dissemblable; & qui fait que le feu est repurgatif de tous ses confreres les elemens, les esclaire & met en euidence. En sainct Luc 12. le SAVVEVR admonneste ses disciples d'auoir des lampes allumées en leurs mains, afin que leur lumiere vinst à
S. Matt. 5. luire deuant les hommes; & que leurs bonnes œuures se peussent voir, pour en glorifier leur pere qui est és Cieux: car qui fait mal, hait la lumiere; que
Chap. 24. Iob dit estre aux mal-faicteurs pire que l'ombre de la mort. C'est aussi ce que tacitement a voulu inferer Moyse en Gen. 3. où il fait promener Dieu au Midy, qui est la plus claire lumiere du iour. Et l'Apostre en la premiere à Timothée 6. le dit habiter vne lumiere inaccessible, sans laquelle tout seroit confusément enuelopé de hideuses tenebres; que
S. Matth. 25. l'Euangeliste appelle les tenebres exterieures. Donnons-nous donc garde que la lumiere qu'il luy a
S. Luc 11. pleu mettre en nos ames, ne s'offusque & conuer-

tiſſe en noires tenebres : & que ſur ce ſolide fondement qui nous a eſté octroyé de ſa cognoiſſance, nous ne baſtiſſions du foin, bois & chaulme, toutes choſes de ſoy obſcures & tenebreuſes; au lieu de l'or, argent, pierreries ſi clair reſplendiſſantes & luiſantes. Mais oyons derechef ce que diſcourt fort diuinement le Zohar du feu & de la lumiere ſur ce texte du Deuter. 4. *Dominus Deus tuus ignis conſumens eſt* : Qu'il y a vn feu qui deuore l'autre, comme eſtant plus fort, ſelon qu'on peut voir en quelque tiſon ardent, ou flambeau, dont la flamme qui en procede eſt de deux ſortes ; l'vne bleüe, attachée au lumignon noir, qui ſe retient là en ſe nourriſſant de corruption. L'autre flamme procedant du lumignon rouge enflãbé eſt blanche, & la bleuë eſt blanche au plus hault, comme pour retourner à ſa premiere origine (cecy n'a point ignoré Homere, quãd au 6. de l'Odyſſée il attribuë à l'Olympe vne pure & blanche ſplendeur, λευκὴ δ' ἐπιδέδρομεν αἴγλη.) Rien ne nous ſçauroit mieux repreſenter les quatre mondes ; la blanche à ſçauoir, le ſupraceleſte ; la bleüe, le celeſte ; le lumignon embraſé, l'elementaire ; & la noirceur bruſlante, l'enfer : qui nous denote d'abondant le corps ; la rougeur, les eſprits vitaux reſidents au ſang ; le bleu, l'ame ; & le blanc, l'intellect, & charactere diuin imprimé en l'ame. Et tout ainſi que la lumiere bleuë ſe change tantoſt en iaulne, tantoſt en blanc ; auſſi peut faire l'ame ſelon qu'elle ſencline à mal ou à bien, & qu'elle ſuit ou les aiguillons de la chair, ou les semonces & enhortemens de l'intellect; suyuant ce qui est escrit en Gen. 4. *Si tu fais bien, tu le receuras; & si tu fais mal, aussi-tost ton pechê sera à ta porte; mais l'appetit d'iceluy te sera soubs-mis, & auras domination sur luy.* La flamme blanche est tousiours la mesme, sans varier ny se changer, comme fait la bleuë. Par ainsi le feu en cest endroit est quadruple; noir, au bas de son lumignon, où la flamme qui est attachée est bleuë; rouge au hault dudit lumignon, & la flamme blanche. Ce qui se rapporte aussi aux quatre elemens; le noir, materiel, à la terre; le bleu plus spirituel, à l'air; le rouge, au feu; & le blanc, à l'eau; car le ciel est composé de feu & d'eau, qui est au dessus des Cieux; *Benedicite aquæ quæ super cælos sunt Domino.* Et neantmoins tout cela n'est que feu, comme le declare fort bien Moyse fils de Maynon, au 2. liure de son Moré, chapitre 31. où il dit, que soubs le nom de la terre sont compris les quatre elemens; & par les tenebres estoit entendu le premier feu; car il est dit en Deuter. 4. *Vous auez ouy ses paroles du milieu du feu:* & puis il adiouste soudain, *Vous auez ouy sa voix de l'obscurité.* Ce feu au reste a esté appellé ainsi le premier feu, parce que ce n'est pas luy qui est luisant, & esclaire, ains est tant seulement transparent à la veuë comme est l'air; & ne se peut pas comprendre d'icelle: car s'il estoit luisant, nous verrions de nuict tout l'air reluire comme feu. Et pource que les tenebres qui ont esté premier nommées denotoient le feu, à sçauoir celles dont il est dit, *Et tenebræ erant super faciem abyssi*; parce que le feu estoit audessus des autres trois elemens, compris soubs ce mot d'abysme; il y a d'autres tenebres qui suiuent apres, lors que la separation des choses se fit: *Et tenebras appellauit noctem.* Tout celà met le Rabin susdit; à quoy veut battre ce que porte l'Alcoran en la 65. azoare: *Vobis ignem clarum atque formosum immittam.* Tout ce qui adhere donques à la partie basse noire, en est consumé & destruit; & tient lieu de mort, apres laquelle vient la vraye vie; la flamme bleuë semblablement si elle y degenere, & s'en laisse predominer: mais la blanche ne tasche qu'à se déueloper d'icy bas pour se transporter contremont, sans se laisser maistriser aux autres; & ne deuore ny ne destruit, ny n'est pas non plus deuorée, ny sa clair-luisante splendeur alterée, ainsi que sont celles des autres. Au moyen dequoy il nous faut adherer & laisser s'aller à ce feu blanc; & illuminer de ceste belle lumiere blanche, qui ne se varie iamais, suyuant ce qui est dit au 4. du Deuter. *Vous qui estes adherans au Seigneur vostre Dieu, vous estes tous viuans aussi iusqu'à ceste heure.* Mais si nostre lumiere bleuë (l'ame) adhere à la noircissante, & la rouge, qui sont nos sensualitez & concupiscences, le feu estrange s'y introduira, qui nous deuorera & consumera. Ceste cognoissance des elemens, & de leurs couleurs, n'insiste pas tant seulement és corps composez icy bas, ains par là nous pouuons monter, ainsi que par l'eschelle de Iacob, là hault dans le monde celeste, où les elemens sont aussi, nonobstant que d'vne autre sorte, & plus simples & depurez; & de là passer outre dedans le monde intelligible, où ils sont en leur vraye essence; car tout consiste des quatre elemens. *Intelligite filij sapientum*, (dit Hermes en son traicté des sept chapitres) *non corporaliter duntaxat, sed spiritualiter etiam, quatuor elementorum scientiam; quorum occulta apparitio nequaquam significatur, nisi priùs componantur; quia ex elementis, nihil fit absque eorum compositione & regimine.* Voulons-nous là dessus profonder plus auant dans les secrets de la Cabale? Ceste composition & regime des elemens n'est autre chose que le sacré-sainct tetragrammaton ineffable יהוה Ihouah, lequel comprend tout ce qui fût, est, & sera: où la petite & finale ה denote le corps, & matiere, bois, ou autre semblable, où le feu s'attache: le ו vau ou cloud copulatif qui assemble les deux ה *he*, l'intelligible, & le sensible, sont les esprits qui ioignent l'ame auec le corps; l'inflammation rouge du charbon ou du lumignon auec la flamme azurée, denotant l'ame. Et le *iod* est la flamme blanche immuable & permanente de l'intellect, où tout se vient en fin terminer: laquelle blancheur est le siege de la vraye spirituelle lumiere occulte, qui ne se voit & cognoist que par elle mesme. Car au reste nostre nature, à la prendre en soy, n'est qu'vne tenebreuse substance, ressemblant droictement à la lune, qui n'a de lumiere que ce qu'elle en reçoit du soleil, qu'elle est apte de receuoir, ainsi que nostre ame est celle de la lumiere intellectuelle. Et n'y a creature quelconque qui soit de soy vne lumiere substantielle, ains tant seulement vne participation de la seule vraye lumiere, qui reluist en tout & par tout intelligiblement. C'est le *Chasmal* d'Ezechiel, selon le Zohar, dont procede ce feu ou lumiere assemblée de deux, qui toutesfois ne sont qu'vne seule chose; la lumiere blanche à sçauoir, qui monte & esclaire, que nul œil mortel ne sçauroit souffrir; celle dont il est escrit au Pseaume 46. *Lux orta est iusto, & rectis corde lætitia*; laquelle correspond au monde intelligible, & à l'homme interieur. L'autre est la lumiere estincellante & flamboyante, de couleur rouge embrasée, iointe & vnie au charbon, ou au lumignon, denotant le monde sensible, & l'homme externe corporel. L'ame est constituée au milieu, à sçauoir la lumiere bleuë, qui partie est attachée au lumignon, & partie à la flamme blanche; tantost adherant à l'vn, & tantost à l'autre; dont selon qu'elle s'applique elle vient à estre ou bruslée, ou illuminée; suyuant ce que met Origene sur le 14. de Ieremie; Que Dieu est vn feu rouge embrasé, consumant & exterminant quant aux pecheurs; & aux saincts personnages iustes, vne blanche lumiere resiouïssante & viuifiante. Iamblique, qui ne s'esleue pas si hault que fait le Zohar, n'estant assisté que

de la lumiere & instinct de nature, dit fort bien, mais apres la theologie Phenicienne; que tout ce que nous pouuons parceuoir de bien & contentement en ce monde sensible, prouient de la lumiere qui nous est impartie du soleil, & des astres illustrez de luy. Et tout ainsi que le soleil depart sa lumiere à la lune, aux estoilles, & à tous les Cieux; de mesme au mõde intelligible Dieu communique la sienne, viue source de toutes autres, à ses benoistes intelligences: si que tout ce que nos ames peuuent auoir de bien, de ioye, & de beatitude, soit pendant qu'elles sont annexées au corps, ou separées d'iceluy; vient de ceste primordialle lumiere, qui reluist en elles par reflexion, ainsi que les raiz du soleil dedans vn bassin, miroir concaue, ou de l'eau, ou à trauers vne verriere, selon que met sainct Denys, chapitre 4. des noms diuins; laquelle procedant du souuerain bien, en porte mesme l'appellation. Et Rabi Eliezer en ses chapitres, met que les Cieux furent creez de la lumiere du vestement du Createur, se fondant sur le Pseaume 131. *Amictus lumine sicut vestimento:* & la terre de la neige qui estoit dessous le thrône de sa gloire. Toutes allegories Rabiniques, pourra-lon dire; mais où consistent de grands mysteres, dont ne s'esloigne pas fort le mesme sainct Denys au lieu allegué; que tout ainsi que ce beau grand soleil clair-luisant, qui a en soy vne si manifeste representation & image du souuerain bien, estend par tout l'Vniuers sa lumiere, &
la

la communique à tout ce qui est capable de la receuoir; si qu'il n'y a rien qui ne participe de sa lumiere, & de sa viuifiante chaleur; (*non est qui se abscondat à calore eius*) en semblable ceste eternelle supracelcste lumiere illustre, viuifie, & parfait tout ce qui a estre; & en bannist les tenebres & relentes moisissures qui s'y pourroient estre introduites; allumant nos ames d'vn desir de participer tousiours de plus en plus de ceste lumiere: car quand elle la vient esprouuer peu à peu, & par ses degrez; cela l'addresse & conduit à la iouïssance & fruition du souuerain bien, qui est la lumiere de l'ame; à sçauoir l'intellect qui l'esclaire pour pouuoir apprehender la viue source dont elle procede. Car la lumiere ne se voit que par elle mesme, la plus digne & excellente proprieté du feu, auec lequel elle a cela de particulier & de propre, qu'elle se fait voir comme il fait, & par son moyen manifeste tout ce que nostre veuë peut apprehender. Cependant rien n'y a de plus mal-aisé à comprendre que ce que c'est de l'vn & de l'autre; car en nous monstrant & reuelant tout, c'est alors qu'ils se cachent le plus de nous, iusques mesme à nous esbloüir, & reduire nostre clarté en tenebres: *Sicut tenebræ eius, ita & lumen eius*.

Psal. 18.

Il ne nous faut donques point parler de Dieu sans lumiere, parce qu'il est la vraye lumiere; *Quia tu lucerna mea, Domine*: qui nous esclaire par sa parole; *Lucerna pedibus meis verbum tuum*: la splen-

2. Roys 22. — Pseau. 118.

deur du Pere, & la viue source de vie, comme l'appelle sainct Augustin apres S. Iean: *En iceluy estoit la vie, & la vie estoit la lumiere des hommes: & la lumiere luit en tenebres; & les tenebres ne l'ont point apprehendée.* Si que de ceste lumiere nous auons double commodité; l'vne la vie dont nous viuons, & l'autre la lumiere dont nous voyons celle qui nous esclaire. L'homme spirituel, le vray homme iouïst de l'vne & de l'autre; le charnel, de la vie tant seulement; car au reste il est en tenebres; *parce qu'ils ont*
Chap. 24. *esté rebelles à la lumiere*, dit Iob, *& n'ont point cogneu ses addresses:* Tout ainsi que si lon enfermoit vn flambeau dans vne lanterne de pierre de taille, ou semblable matiere tenebreuse & opaque, où sa clarté demeureroit comme esteinte & enseuelie, sans se pouuoir estendre en dehors, pour l'obstacle qui l'en empesche. *Et si la lumiere nous vient à*
Hexameron 9. *manquer*, dit sainct Ambroise, *il n'y aura plus de gentillesse, d'ornement ny plaisir en nostre maison; car c'est ce qui fait paroistre tout ce qui y peut estre d'agreable.* Ce qu'il a emprunté d'Homere, selon qu'il luy est attribué dedans Suidas, que par vn mauuais temps de froidure & de pluyes, ayant esté receu en vn hostel où on luy alluma du feu, il fit à l'impourueu des vers contenans en substance; que les enfans estoient l'ornement & coronne du pere; les tours, des murailles; les cheuaux, de la campaigne; les nauires, de la mer; les magistrats, de la place des assemblées, où ils administrent la iustice au peuple; & vn

beau ardent feu allumé, la decoration & esiouïssance de la maison, qui s'en rond trop plus honorable;

αἰθομένου δὲ πυρὸς γεραρώτερος οἶκος ἰδέσθαι.

Quelques-vns les attribuent à Hesiode. Trismegiste au reste appelle la lumiere le pere de tout; lequel a procreé l'homme semblable à luy, participant de la lumiere, & de la vie qui en depend; *& vita erat lux hominum.* S. Iean 1. Le Pere est comme le soleil en son essence, dont procedent la splendeur, & la chaleur: lesquels trois ne se separent point l'vn de l'autre, ains demeurent vnis ensemble, bien qu'ils soient distincts, en ce feu dont nos ames sont reschauffées, en l'amour & crainte de Dieu, & esclairées en sa cognoissance; dont le Pape Innocent troisiesme, au Sermon du S. ESPRIT met, *Qu'il fut enuoyé aux Disciples en forme de feu, afin de les faire reluire par Sapience; & les reschauffer par charité, celle qui reigle & forme la vie; & la Sapience forme la doctrine. Et comme ce feu a lumiere & chaleur, par laquelle il purifie & nettoye; de mesme le S. ESPRIT illumine de sa clarté l'esprit de l'homme par sa Sapience, & le repurge par son ardente charité.* C'est le feu dont l'homme interieur doit estre sallé; car le saller, cuire, & brusler se communiquent leurs appellations & significances par leurs consemblables proprietez & effects; parce que le sel cuist au goust à cause de son acrimonie; & le feu au sentiment quand il brusle. Et vne chose sallée est à demy cuitte, comme il a esté dit cy-deuant, tant pour se rendre de plus facile digestion, que pour se conseruer plus longuement; qui sont les proprietez & effects du feu.

MAIS pour monter du feu d'icy bas au celeste qui est le soleil, l'œil & le cueur du monde sensible, & l'image visible du Dieu inuisible; Sainct Denys l'appelle vne toute apparente & claire statuë de Dieu; & Iamblique l'image de la diuine intelligence, le Pere de vie, l'image & pourtrait du Prince & dominateur souuerain de tout l'Vniuers; la lumiere de l'vn & l'autre monde, le celeste & l'elementaire. Mais n'alleguerons-nous pas tout d'vn train ceste tant belle authorité de Plutarque en l'interpretation du mot EI, où apres auoir tourné, viré à l'entour du pot par plusieurs discours qui en fin ne concluans rien s'esuanouyssent en fumée, il conclud que ce mot, comme à la verité il ne fait, ne veut dire autre chose, sinon TV.ES; Ce qui a esté tiré des deux premieres lettres du sacré-sainct Tetragrammaton יהוה *Ihouah*, transposées l'vne deuant l'autre au Grec, יה EI:, ce qui monstre assez qu'ils ont tout beu, *non ex fonte caballino, sed Mosaico*; & en fin vient à dire: *Nous adorons Dieu en son essence par nostre pensée; & reuerons le soleil qui est son image pour la vertu qu'il luy a donnée de produire icy bas toutes choses; representant aucunement par sa splendeur qui se communique à tout, ie ne sçay quelle apparence, ou plustost ombre de sa beatitude & clemence, autant comme il est possible à vne nature visible d'en representer vne intelligible, & à vne mouuante vne immobile & stable.* Nous voyons le soleil aussi bien que le feu, mais non de si prés pour le pouuoir aussi exactement remarquer: trop bien coniecturons-nous en nostre esprit de ce que nous en pouuons apprehender par la veuë, que ce doit estre le plus admirable chef-d'œuure de toutes les creatures visibles: car encore qu'il ne nous paroisse gueres plus grand qu'vn plat ou assiette, pour la tant longue distance d'icy à luy, telle que i'ay horreur de la conceuoir, apres mesmes les demonstrations de mathematique qui sont certaines & infallibles; si est-il neantmoins plusieurs fois plus grand que n'est le globe de la terre & des eaux iointes ensemble, qui contient plus de six mille lieuës de tour; tesmoignage bien apparent de la sapience & grandeur de son architecte: dont l'Ecclesiastique au 43. chapitre en fait ce bel epiphoneme: *Qui est-ce qui se pourra iamais saouler de contempler la gloire du Createur? le firmament en sa haultesse, qui comprend toutes choses soubs luy, si pur & clair? & la forme de ce vaste & immense creux du ciel, si beau & admirable à la veuë? N'est-ce pas vne apparente vision de sa glorieuse & triomphante Maiesté? Le soleil à son leuer annonçant la lumiere du iour (vaisseau admirable) arriué au milieu de sa iournelle carriere, il brusle & rostist la terre. Et qu'est-ce qui pourroit subsister deuant son extreme chaleur? Il brusle au triple les montaignes plus que les plus embrasez four-*

neaux ne feroient la potterie qu'on y met descuire; exhalant de soy des vapeurs flambantes, & vne splendeur qui offusque la plus ferme-asseurée veuë. Certes le Seigneur qui l'a faict & formé de rien, si beau, si grand & admirable, se peut bien dire estre trop plus grand que ce sien ouurage; & qui le fait haster si viste, que de mesurer cest incomprehensible espace en vingt-quatre heures: Auec le surplus de ce propos, qui se rapporte, & est comme vne paraphrase du Pseaume 18. où en peu de mots sont touchez trois des principaux poincts du soleil: sa beauté, accomparée à vn espoux sortant de sa chambre nuptiale; *Et ipse tanquam sponsus procedens de thalamo suo:* sa force & impetuosité à vn geant; *Exultauit vt gigas ad currendam viam suam; nec est qui se abscondat à calore eius:* & son extreme celerité; *A summo cælo egressio eius, & occursus eius vsque ad summum eius.* Si que comme le touche sainct Augustin au troisiesme Sermon de l'Aduent; *Trois choses sont au soleil; sa course, sa splendeur, & sa chaleur. La chaleur desseche; la splendeur illumine; & sa course parcourt l'Vniuers.* Et tout ainsi qu'en l'homme qui est le petit monde, le cueur est le siege primitif de la vie, le premier viuant, & dernier mourant; de mesme le soleil au grand homme qui est le monde, est la source, la lumiere, & chaleur qui viuifient toutes choses; lequel impartist aux estoilles, & à la lune la clarté dont ils luisent; tout ainsi que le CHRIST qui est le soleil de Iustice, & la lumiere de nos ames, qui ſans elle demeureroient enſeuelies dans vne aueugle obſcurité : *Qui me ſuit, il ne cheminera point en tenebres, ains ſera illuſtré de la lumiere de vie :* laquelle ſe conſerue és bons, & s'eſteint és meſchans, par le teſmoignage de Iob 18. *Lux impiorum extinguetur* : dont la lumiere eſt telle que celle où par fois ſe transforment les mauuais anges pour nous deceuoir : car pour ſi peu que nous la puiſſions reſouffler arriere de nous, elle s'amortiſt & diſſipe. Mais la vraye & droicte lumiere nous eſclaire ſans varier, tant à la cognoiſſance de Dieu en ce qui depend de noſtre ſalut, que des choſes ſenſibles & naturelles ; à quoy la clarté du ſoleil, & du feu, & leurs effects nous addreſſent plus que nulle autre choſe pour apprehender quelque eſchantillon de ceſte ſouueraine Sapience, dont Dieu a baſty ce grand Tout par ſon Verbe. Car toute ſcience à quoy nous puiſſions paruenir par noſtre ratiocination & diſcours procede de la cognoiſſance des choſes ſenſibles ; (*non enim aliquid eſt in intellectu, quin priùs fuerit in ſenſu*) mais incertaines & variables, pour eſtre en vne continuelle mutation & viciſſitude : ſi que ceſte cognoiſſance qui vient de la lumiere de nature eſt fort debile, & pleine de doutes & incertitudes, ſi elle n'eſt illuſtrée de la diuine reuelation qui nous fait voir tout ce qui eſt, en ſa vraye & réelle eſſence, ainſi que la clarté du ſoleil fait toutes choſes corporelles. Tellement que la plus part des Philoſophes Ethniques, apres s'eſtre

S. Iean 8.

bien alembiquez l'esprit à la perquisition des causes naturelles, s'y sont trouuez tellement confus, qu'ils ont esté contraints d'aduoüer, que par la seule voye de la ratiocination, il ne s'en pouuoit point tirer de verité; comme mesme le discourt bien au long Aristote au 4. de la Metaphysique: Ptolemée aussi; Qu'il ne nous faut pas fonder & reigler nos conceptions pour le regard des choses temporelles sur les spirituelles; car elles sont trop esloignées les vnes des autres, & y a trop de disparité & disproportion entr'elles: mais moins encore les intelligibles sur les sensibles, combien qu'elles nous y seruent comme d'vn escallier, suyuant ce que dit l'Apostre; *Que les choses inuisibles de Dieu se voyent de la creature du monde, par les choses faites; sa vertu aussi eternelle, & sa diuinité*: Parquoy il nous faut recourir à la lumiere spirituelle, qui tient le plus hault & souuerain lieu en la cognoissance de l'entendement; de sorte que la lumiere est plus proprement des choses spirituelles que des corporelles, & plus certaines & veritables sont les inuisibles que les visibles: d'autant que Dieu seul est la vraye lumiere en son essence, de laquelle se deriue en nostre esprit toute la cognoissance dont il peut estre illustré; ainsi que la lumiere potentielle de nostre œil l'est de la clarté du soleil, ou de quelque artificielle à trauers la transparence de l'air: le lieu duquel œil l'ame tient en la spiritualité, comme la diuine intelligence fait celuy du soleil, qui en est la representation & image.

Au

Au moyen dequoy tant que nostre entendement se laissera descuire par le feu de l'amour diuin, il gardera tousiours sa clarté viue & lumineuse : mais s'il se laisse aller imprudemment apres la lumiere exterieure, elle luy sera aussi tost offusquée & esteinte de l'interieure qui la predomine, tout ainsi qu'vne petite chandelle ou bougie des estincellans rayons d'vn clair luisant soleil d'Esté. Puis donques que ceste lumiere sensible, dit S. Thomas sur le 36. de Iob, par la toute-puissance absoluë de Dieu, qui en dispose comme il luy plaist, est cachée par fois aux humains, & communiquée par fois ; il nous faut de là recueillir qu'il y a vne autre lumiere trop plus parfaicte & excellente ; la spirituelle à sçauoir, que Dieu reserue pour la recompense des bonnes œuures, suiuant ce que met Iob ; *Dieu couure la lumiere en ses mains, & luy ordonne que derechef elle retourne & se manifeste. Il en annonce à ceux qu'il aime, qu'ils peuuent bien monter iusqu'à elle.* A quoy se conforme de mot à mot Zoroastre : *Il te faut monter à la vraye lumiere, & aux clairs rayons de ton pere, dont ton ame t'a esté enuoyée, reuestuë de beaucoup d'intellect.* Voyez les relations de ces deux soleils, le sensible, & l'intelligible ; & des deux lumieres qui en procedent. Car tout ainsi que celle du soleil obtient le premier lieu és choses corporelles, dit sainct Augustin au liure du liberal arbitre ; & que par le moyen d'icelle les inferieures communiquent auec les superieures ; tout de mesme fait la lumiere du soleil spirituel à l'endroit des intelligibles.

Il y a au reste des choses qui ont de la chaleur & point de lumiere, comme celle des animaux, de la chaulx-viue arrousée d'eau; le fiens tant des cheuaux que des pigeons, que Galien escrit auoir veu autrefois s'enflamber de soy-mesme: des tas d'auoine, & autres grains, fors du millet; des vins nouueaux qui bouillent, & du marc de vendanges: des tas d'oliues, pommes, & poires; qui est vne espece de putrefaction, dont s'engendre tousiours quelque chaleur estrange, ainsi qu'on voit és apostemes, & és chairs qui commencent à se corrompre. Et à l'opposite, d'autres qui ont lumiere, & point de chaleur; comme ces vers qui luisent de nuict, de petits moucherons qui vollent à l'obscurité en Esté; des testes & escailles de certains poissons, du bois pourry, des pierreries, les yeux des bestes rauissantes. Suidas parlant de l'ὁρατὸν, & ἀόρατον, le visible & inuisible: *Cela*, dit-il, *ne se peut bonnement expliquer de paroles; c'est tout ainsi que ces petits moucherons qui volent l'Esté, lesquels en desployant leurs aisles, vous eslancent aux yeux de petits feux estincellans. Les vers aussi qui luisent la nuict; les testes & escailles de quelques poissons, leurs yeux, & autres semblables qui ne se peuuent apperceuoir à la lumiere, si font bien és tenebres: car le feu qui reluist ainsi d'eux à l'obscurité n'est pas vne couleur, dont le propre est de se faire veoir à la clarté du soleil, ou autre lumiere; à cause que l'air estant transparent & priué de toutes couleurs, la veuë peut fort aisément le percer & passer à trauers pour les apprehender: mais il y a quatre differences de choses visibles : les vnes ne se peuuent veoir que de iour ; d'autres au contraire de nuict : d'autres de iour & de nuict ; & d'autres qui n'ont point de lieu en tenebres. Les couleurs ne se voyent sinon de iour, & de nuict point. Des choses qu'on appelle resplendissantes, les vnes de iour, les autres de nuict ; les autres de iour & de nuict ; car il y en a d'illustres & claires, d'autres sombres & mattes, & d'autres entremoyennes. Celles qui ont le lustre & splendeur matte & sombre, ne se voyent sinon de nuict, comme les moucherons dessusdicts, vers, escailles de poisson, bois pourry, & semblables ; car sur iour leur splendeur est surmontée d'vne plus puissante qui les efface ; comme aussi sont plusieurs estoilles ; de sorte que tant plus la nuict est obscure, tant plus clair elles luisent. Les entremoyennes, comme la lune & quelques estoilles, de iour & de nuict, ainsi que celle de l'Aurore, & du soir, ditte des Grecs le Phosphore, & des Latins Lucifer, ou Porte-lumiere ; c'est l'estoille de Venus. Le feu aussi qui penetre l'air plus qu'il peut, & l'illustre, pour y demonstrer les couleurs qui y sont : car pour le reste il se contente de se faire veoir, sans amener en action la transparence qui est en l'air, comme nous le pouuons apperceuoir és tenebres, où nous voyons bien le feu de loing, mais non pas les couleurs qui sont entre-deux. De iour il reluist aussi, mais il n'agist rien enuers l'air, à cause qu'il est suffoqué & esteint d'vne plus puissante lumiere. La clarté de la Lune de mesme, pour autant qu'elle n'est pas guere obscure, se voit de iour, mais mieux de nuict.* Tout cela parcourt Suidas. Mais à propos de ces lumieres sans chaleur, ie n'ay rien leu de plus admirable & estrange, que ce que Gonçalo de Ouiedo liure 15. chap. 8. de son Histoire naturelle des Indes, allegue de certain petit animal volant, de la grandeur d'vn hanneton, fort frequent en l'isle Espagnolle, & és autres d'alentour, ayant deux aisles au dessus fermes & dures, & dessous icelles deux autres plus deliées. Le bestion, dit *Cocuio*, a les yeux resplendissans, ainsi que des chandelles allumées; de sorte que par tout où il passe, il illumine l'air, & y rend vne telle clarté, qu'on le peut veoir de fort loing: & en vne chambre, pour obscure qu'elle peust estre, voire en plein minuict, on pourroit lire & escrire à la lumiere qui en sort. Que si lon en accouple trois ou quatre, cela pourroit plus esclairer qu'vne lanterne ou flambeau à la campaigne, & par les bois en vne nuit des plus obscures; se faisans veoir de plus d'vne lieuë. Ceste clarté ne consiste pas seulement en ses yeux, mais és flancs aussi quand il ouure les aisles. Ils ont mesmes accoustumé s'en seruir comme nous ferions d'vne lampe ou autre lumiere, pour soupper de nuict, & faire les affaires de la maison: mais selon qu'il vient à se definer & mourir, ceste lumiere s'esteint aussi. Les Indiens auoient de coustume d'en faire vne paste qui mettoit frayeur à les regarder à l'obscurité; parce qu'il sembloit qu'ils eussent le visage qui en estoit frotté, tout en feu. Pline liu. 21. chap. 11. parle d'vne herbe luisant la nuict, ditte *nyctegretos*, ou *nyctilops*, pource qu'on la voit resplendir de loing:

mais il allegue beaucoup de choses par ouïr dire, sans les auoir veuës.

Mais pour retourner à la lumiere du Soleil, qui y est plus parfaictement qu'en nulle autre des choses sensibles, auec la chaleur, car c'est le vray feu celeste, cōme dit Speusippus, lequel descrit tout ce qui appartient à la nourriture de ce grand homme, l'vniuers, ainsi que fait l'elementaire les viandes de l'homme animal. Et comme le cueur és animaux est le siege primitif de la vie, de mesme le Soleil est le cueur du monde, & la source primordiale de la lumiere en iceluy, qu'il depart aux estoilles, ainsi que fait Iesvs Christ à nos ames. Et ny plus ny moins que le Soleil & la Lune, dit Origene sur Genese, esclaire nos corps: de mesme nos consciences & pensées le sont de ceste splendeur du Pere, si d'auenture nous ne sommes aueugles, & que cela ne procede de nostre defaut: si que nous n'en sommes pas tous egallement illuminez, non plus que le sont du soleil les estoilles, qui different en clarté les vnes des autres, ains selon nostre capacité & portée, & que plus ou moins nous esleuons les yeux de nostre contemplation à receuoir ceste lumiere: *Retournez-vous vers moy, & ie me retourneray deuers vous. Car il est le Dieu de pres, & non pas le Dieu de loing.* Ce que nous pouuons auoir d'intelligence, dit le Zohar, par nostre ratiocination naturelle, est comme si nostre esprit estoit esclairé de la Lune: mais la diuine relation tient lieu du Soleil. Dont la

1. Cor. 15.
Zachar. 1.
Hier. 23.

lumiere chasse & bannist les princes des tenebres, où regne leur plus grande force & vigueur: *Ortus est sol, in cubiculis suis collocabuntur:* porte le Pseaume 103. parlant des demons & mauuais esprits, soubs le nom des bestes sauuages rauissantes. Car tout ainsi, met le Zohar, que ces tenebrions-là sont bien plus robustes & gaillards à l'obscurité: de mesme les bons anges qui nous assistent & fauorisent, reçoiuent vn grand renfort de la lumiere, non seulement de la diuine, mais de la celeste & solaire, par laquelle la diuine & supreme clarté resplendissant impartist és cieux sa vertu, & par iceux la communique à tout ce qui est au dessous de la sphere de la Lune, dedans le monde elementaire. Parquoy non sans cause aux corps morts, iusqu'à ce qu'ils soient mis dans la terre, lon employe des luminaires, pour en escarter au loing cest ancien serpent Zamael, à qui pour malediction il est dit, *Tu mangeras la terre tous les iours de ta vie:* Car nos corps en estans priuez ne sont plus que poudre & terre. Tellement que le feu nous est vn grand aide & soulagement, non tant seulement durant nostre vie, mais encore apres nostre mort, contre ces mauuaises tenebreuses puissances qui roddent à l'obscurité, ainsi que les oiseaux nocturnes, & bestes sauuages, qui n'osent comparoir de iour, redoutans la lueur du soleil: combien plus donques celle des bons esprits leurs aduersaires, qui la reçoiuent de la diuine resplendissance? car le mesme qu'est le soleil enuers

Genes. 3.

elle, le feu l'est à l'endroit du soleil; qui nous sert entre autres choses à nous faire veoir ce tant bel accomply ouurage de l'vniuers, basty par le souuerain createur d'vn si excellent artifice: & ce que sa lumiere ne nous manifeste en ce monde sensible, n'est rien pour ce regard là; car le vray estre consiste és choses intellectuelles, despoüillées de toute corporeité & matiere: le soleil mesme, le plus beau chef-d'œuure de tous les autres, ne se sçauroit veoir sinon par sa propre lumiere, qui est accompagnée quand & quand d'vne chaleur viuifiante toutes choses. Car il a double proprieté, l'vne de luire & esclairer; l'autre de reschaufer, voire brusler selon les subiacentes matieres, qu'il illumine de blancheur, ou ternist de hasle: *Decolorauit me sol*, Cantic. 1. Surquoy Origene annote, Que là où il n'y a peché, ny matiere de peché, le soleil ne hasle point, ny ne brusle, suiuant le Pseaume 121. *Le soleil ne vous bruslera point de iour, ny la lune de nuict.* Car le soleil illumine les gens de bien, mais il brusle les pecheurs, lesquels haïssent la lumiere pour le mal qu'ils font: car en plusieurs lieux de l'Escriture vous trouuerez que le soleil, & le feu dont elle parle, ne sont pas ceux que nous voyons, ains les spirituels. Le soleil spirituel, dit sainct Augustin, ne se leue qu'aux sainctes personnes, suiuant ce qui est dit des peruers au 5. de la Sapience: *La lumiere de iustice ne s'est point leuée sur nous, ny le soleil d'intelligence ne nous est venu esclairer.* Quant à sa chaleur, il se

Serm. 19. de tempore.

faut plustost retenir au tesmoignage de l'Escriture saincte, *Non est qui se abscondat à calore eius*; que
Ps. 18. non pas aux friuoles imaginations & subtilitez de ceux qui le maintiennent n'estre ny chaud ny froid, se fondans sur cest argument: Toute chaleur à la longue continuée, encore qu'elle demeure tousiours en vn mesme estat & degré, s'augmente neantmoins de sorte qu'elle seroit intolerable. Si donques le soleil estoit si chaud comme il nous semble, depuis cinq ou six mille ans en ça qu'il fut premierement creé, s'ensuiuroit qu'il fust aduenu vne conflagration soubs la zone torride d'où il ne bouge, qui de là se fust estendue à tout le reste de la terre: là où lon voit du contraire, car le tout est tousiours en vn mesme estat. En apres d'autant que le soleil est plusieurs fois plus grand que le globe de la mer & la terre, & sa sphere si esloignée d'iceluy, qu'il n'a point de proportion auec elle, il faudroit qu'il fust aussi chaud en vn temps, & vn lieu, qu'en vn autre. Auec semblables deductions, à quoy il est assez facile de contredire, mais cela se destourneroit trop auant de nostre subject principal. Aussi Anaxagoras le disoit estre vne grosse pierre enflambée, ou vne placque de feu ardent: Anaximander vne rouë pleine de feu, vingtcinq fois aussi grande que toute la terre: Xenophanes, vn amas de petits feux: les Stoiques, vn corps enflambé procedant de la mer: en quoy ils ont monstré l'affinité du

feu

feu & du sel ensemble: Platon, vn corps de beaucoup de feu: & ainsi qui d'vne façon, qui d'vne autre, mais toutes tendans à le faire de nature de feu. C'est au reste vne chose trop admirable de sa grandeur ainsi immense; sur quoy l'esprit humain a de belles galleries à se promener en de haut-esleuées meditations des merueilles de Dieu: car, comme dit fort bien S. Chrysostome sur Genese, il faut de la contemplation des creatures monter & paruenir au Createur; si que ceux-là sont bien ignorans & despoureus d'entendement, qui des creatures ne peuuent atteindre à la cognoissance du Createur. Ceux qui habitent és extremitez du Ponant, où il se va comme coucher dans les ondes de l'Ocean, le voyent à son leuer de la mesme grandeur que ceux du Catai, où il se leue. Ce qui monstre la petitesse & disproportion de la terre en comparaison d'iceluy. Que si la lune qui luy est de beaucoup inferieure en grandeur, s'y monstre presque egalle, c'est à cause de la grande distance de l'vn à l'autre; car tant plus les choses sont esloignées, tant plus s'amoindrissent-elles à nostre veuë; & cela est assez verifié par les reigles de la perspectiue. Certes ce sont deux beaux chefs-d'œuure que de ces deux grands luminaires, qui ne sont pas de peu d'ornement & commodité pour la vie humaine, comme met sainct Chrysostome sur le Pseaume 135. ains y contribuent beaucoup, voire le tout presque au regard de ce qui concerne le corps; car outre la lumiere dont ils nous esclairent de iour & de nuict, ils distinguent les temps & les saisons; nous addressent à voyager tant par la mer que par la terre; meurissent les fruicts, sans lesquels nostre vie corporelle ne se sçauroit maintenir; auec autres tels infinis vsages qui nous en procedent. Le soleil est mis pour tout le ciel, parce que c'est la plus belle partie d'iceluy; & pour le feu: & le ciel est le siege & vaisseau des corps incorruptibles & inalterables: la lune qui preside à l'humidité, represente l'eau & la terre; & le sel qui en est composé; car il n'y a rien où l'humidité soit plus permanente, ne qui soit plus humide que le sel, duquel la mer consiste la plus grand' part: & il n'y a rien où la lune face plus distinctement apparoistre ses mouuemens qu'en la mer; comme on peut voir és flots & reflots; & és ceruelles & moüelles des animaux; si qu'à bon droit elle est ditte la regente des eaux, & de l'humidité phlegmatique & aqueuse: laquelle encore qu'elle semble morte & inanimée, au respect du feu qui est vif, est permanente, principalement au sel qui a vne humidité inexterminable; & c'est ce qui engarde la mer de se dessecher, car sans cela il y a desia long téps qu'elle fust espuisée & tarie: là où le feu ne vit pas en soy, mais en autruy; car en tant qu'il est element materiel, il n'a point de lieu à luy propre. De ces deux, la chaleur à sçauoir du soleil, & l'humidité de la lune, est engendré l'air, chaud & humide, où consiste la vie de toutes choses, & sans lequel rien ne se produiroit, croistroit, maintiendroit, non pas le feu mesme, qui ne sçauroit tant peu subsister sans air, lequel est double; l'vn participant de la chaleur du feu montant de l'eau (*ex naturæ humidæ visceribus syncerus ac leuis ignis protinus euolans alta petit*, dit Trismegiste: & l'autre comme eau descendant du feu, tant qu'elle vient à se congeler: car par ainsi il y a vne eau humide qui tend en hault pour se rarefier en air, & vne autre froide, descendant en bas pour se respoissir en nature de terre, tant qu'en fin elle se vient terminer en vn rouge feu qui est en l'or; car l'or est la derniere substance de toutes. Et l'air est vn entremoyen conciliateur entre l'humidité de l'eau passible qui constituë la matiere; & la chaleur du feu, dont depend l'agent & la forme. La terre en est comme vne matrice; où le feu par le moyen de l'air & de l'eau introduisant son action, excite & pousse ce qui s'y engendre iusqu'à sa fin determinée. Les cinq autres planettes & les estoilles fixes n'y viennent que collaterallement, & comme assécurs & coadiuteurs des effects des deux luminaires, où se reduisent toutes leurs influxions, comme font les fleuues dedans la mer, & de la terre reciproquement leur reuient leur nourriture: si que le ciel, & le feu sont comme le masle agissant; & l'eau & la terre comme la femelle passible: mais soubs le ciel est compris l'air. Et comme la semence de l'homme renclose & enueloppée dans la matrice, est là nourrie, fomentée, & entretenuë d'vn sang corrompu, moyennant la chaleur naturelle: de mesme le feu par le moyen de l'air & de l'eau est maintenu dedans la terre pour la production des choses qui s'y engendrent. Ainsi le ciel, le soleil, le feu & l'air marchent ensemble; & la terre soubs laquelle sont compris les bas elemens; l'eau, & l'aride de leur costé. C'est le ciel & la terre de Moyse; & le hault & le bas d'Hermes, qui se rapportent l'vn à l'autre; *Quod est superius, est sicut quod est inferius, & è conuerso, ad perpetuanda miracula rei vnius*, dit-il en sa table d'Esmeraude. Le Zohar, le monde intelligible, & le sensible, par la contemplation duquel nous venons à la cognoissance des choses spirituelles: ce qu'auoit touché deuant luy l'Apostre aux Rom. prem. *Inuisibilia ipsius à creatura mundi per ea quæ facta sunt intellecta conspiciuntur.* Car tout ce qui est icy bas en la terre, est de la mesme maniere que là hault au ciel: car Dieu le Createur fit toutes choses annexées les vnes aux autres, ce que n'auoit pas ignoré Homere en sa chaine d'or, pour lier ce monde inferieur au superieur, & qu'ils adherassent l'vn auec l'autre; afin que sa gloire s'espandist par tout, en hault & en bas. Et à l'imitation de cela, l'homme qui est l'image du grand Monde, & la mesure de toute chose, fut d'iceluy faict & formé des choses basses & des haultes; *Accepit Deus puluerem, & ex eo formauit Adam, & insufflauit super eum spiritum vitæ.* La lumiere mesme qui luit au monde sensible, depend de ceste superieure lumiere qui nous est cachée, d'où procedent toutes facultez & vertus, qui de là s'expliquent à nostre cognoissance : car il n'y a rien icy bas qui ne depende de là hault, d'vne puissance particuliere qui luy est commise pour la gouuerner & l'exciter à tous ses appetits & mouuemens, si que tout est lié ensemble.

NOVS tenons bien au demeurant que tout ce que nous auons de lumiere au monde sensible, vient du soleil ; car celle de la lune, & des estoilles, bien qu'innumerables, est fort peu de chose, encore procede-elle du soleil : & celle du feu n'est qu'artificielle pour nous esclairer au defaut du soleil. Mais comment pourra quadrer à cela, de vouloir attribuer la primitiue source de la lumiere, & mesmement de la produisante & viuifiante, au soleil ; parce que nous voyons au commencement de Genese, que la premiere chose qui fut faicte fut la lumiere en la premiere iournée ; & le soleil ne l'est qu'en la quatriesme ; les vegetaux ayans esté produits dés la precedente ? Cela fut, dient les Rabins là dessus, tres-sagement aduisé de Moyse, comme tous ses autres escrits procedans de la diuine inspiration ; pour oster aux hommes toute occasion d'idolatrer ce luminaire, quand on verroit la lumiere auoir esté procreée premier que luy. Mais en cest endroit se presente vn fort beau mystere, & bien digne d'estre remarqué ; que la perfection complette des choses escheut tousiours au quatriesme iour ;

comme de la lumiere. Le ſoleil & la lune furent faits le quatrieſme iour: les eaux de la ſeconde iournée ne produiſent les poiſſons que le cinquieſme, qui eſt le quatrieſme d'apres: & tous les animaux le ſixieſme, auec l'homme, pour leſquels les fruicts de la terre auoient eſté creez le troiſieſme. Ce qui nous monſtre que le quaternaire tant celebré de Pythagore, denote la perfection qui reſide au dix, reſultant des quatre premiers nombres; car 1. 2. 3. 4. font dix. Auſſi a voulu Platon enfourner ſon Timée, où il traicte de la procreation des choſes, par ces mots-cy, εἷς, δύο, τρεῖς, ὁ δὲ δὴ τέταρτος ἡμῶν, &c. Vn, deux, trois, où eſt le quatrieſme? Le Zohar ſur ceſte particule du 14. de Leuitique, *Sabbata mea cuſtodietis*; Voyez, dit Rabi Eliezer, quel eſt le myſtere cy contenu: En ſix iours fut creé le monde, en chacun deſquels ſe manifeſta l'ouurage qui y fut fait; & Dieu luy donna ſa particuliere vertu apres l'auoir paracheué: mais au quatrieſme il en attribua vne trop plus expreſſe; car celles des trois precedens eſtans occultes & cachées ne venoient point en euidence, ſinon que le quatrieſme iour eſcheu leurs facultez ſe reueloient. Car l'eau, l'air, & le feu, les trois ſuperieurs elemens, demeuroient comme ſuſpendus; & l'ouurage d'iceux ne paroiſſoit point iuſqu'à ce que la quatrieſme iournée l'euſt manifeſté: & lors apparut ce qui auoit eſté fait en chacune. Que ſi vous voulez alleguer que c'eſtoit la troiſieſme iournée, lors que Dieu dit,

Que la terre germe & produiſe herbe verdoyante Gen. 1.
produiſant ſemence, & arbre fruictier faiſant fruict
ſelon ſon eſpece, lequel ait ſa ſemence en ſoy-meſme ſur la terre ; & fut ainſi fait : ce neantmoins encore que cela aduinſt au 3. iour, il ne laiſſe d'eſtre
annexé auec le quatrieſme ſans aucune ſeparation,
lequel 4. vient à ſe rencontrer au Sabat, qui eſt le
quatrieſme iour d'apres le 4. & eſt à par ſoy le parfait quatrieſme, où apparoiſſoient tous les ouurages des ſix iournées precedentes. Et c'eſt le quatrieſme pied de la *merchauah* ou throne diuin, auquel
Dieu s'aſſit pour ſe repoſer de tous ſes ouurages.
Ainſi en diſcourt le Zohar.

NE FAVT outrepaſſer icy vn autre myſtere, que ces deux luminaires ont chacun trois noms enuers les Hebrieux ; le ſoleil eſtant appellé חמה *chomah*, ſapience ; שמש *ſchemeſch*, chaleur ; & חרס *cheres*, teſt ou ſecchereſſe. (Platon au Timée, *Tout humide que la celerité du feu enleue, & ce qui en reſte demeure aride & ſec, nous l'appellons κέραμον teſt de poterie*) Celuy de מאור *maor*, luminaire, eſt commun à l'vn & à l'autre. La lune s'appelle מלכות *malchut*, regne ou royaume ; ירח *iareha*, ce que les Grecs appellent μήνη, pource qu'elle parfait ſon cours en vn mois : & לבנה, *lebenah*, blanche ; car comme le ſoleil repreſente IESVS-CHRIST, la lune denote ſon Egliſe, qui eſt toute blanche, ſans aucune tache, ſuyuant ce qui eſt eſcrit és Cantiques 6. *Qui eſt ceſte-cy qui ſe vient eſleuant comme l'aube du iour, belle & claire comme la lune?* De ceste lumiere du soleil de iustice, dont il est dit en Malachie 4. *A vous qui craignez mon nom, le soleil de Iustice se leuera* : dont la lune, l'Eglise, est illustrée en vn iour perpetuel sans tenebres, selon Isaïe 60. *Le Seigneur te sera pour lumiere eternelle* ; lequel a planté son tabernacle ou Eglise, dans ce beau clair-

Iean 1. luisant soleil, qui illumine tout homme venant en ce monde ; ny plus ny moins que les estoilles, qui sont innombrables, & la moindre aussi grande que toute la terre, reçoiuent toutes leur lumiere du soleil visible. Duquel ne nous sera-il pas icy loisible d'apporter quelque chose de ses loüanges, de l'hymne que luy addresse Orphée?

Escoute-moy, ô bien-heureux
Soleil, le cueur & œil du monde ;
Clarté celeste reluisant
De rayons d'or, infatigable ;
Des viuans agreable aspect ;
Engendrant l'Aurore à main droicte ;
Et à la senestre la nuict.
Les quatre saisons tu gouuernes,
Qui dansent vn ballet en rond,
Au son de ta lyre dorée.
Tu parcours cest immense creux
Dessus ta luisante carrosse,
Attellée de tes coursiers,
Qui respirent chaleur & vie.
Ardent, impollu, mesureur
Du temps ; qui par tout te demonstres

Aide

Aide souueraine à chacun:
Gardant la foy, œil de iustice:
Clarté de vie reluisant.

VOILA ce qu'il nous a semblé deuoir parcourir icy des trois feux, (quant aux trois sels qui s'y rapportent, nous en parlerons cy-apres) le terrestre à sçauoir, & elementaire; le celeste, & solaire; & l'intelligible, celuy de la diuine essence denotãt le Pere, d'où procede la lumiere qui est le Fils; & des deux la chaleur du Sainct ESPRIT, qui allume nos cueurs en l'amour & cognoissance de Dieu, & en la charitable dilection de nostre prochain. De mesme au ciel la lumiere du soleil s'espãd à illuminer tous les astres; & icy bas à la production & viuification de tout ce qui s'y engendre & maintient. Et au monde elementaire le feu nous esclaire, reschauffe, cuist nos viandes; & nous preste toutes nos autres commoditez & vsages. Quant au feu d'Isaïe 66. que cite icy l'Euangeliste: *Quorum ignis non extinguitur, & vermis non moritur*; c'est sans doubte le destiné à la punition des reprouuez, lequel ne s'esteindra iamais; ny le ver qui leur remord la conscience ne mourra point. Pour garder que ce ver qui s'engendre de corruption, ne s'y procrée, il la faut saller de discretion & de prudence, à ne rien faire qui puisse offenser & scandaliser son prochain, selon que l'Euangeliste le specifie, *Qui scandalisauerit vnum ex his pusillis credentibus in me*. Et quant à bannir & chasser le feu estrange, qui deuore nostre ame, comme vne

fieure ardente fait la chaleur vitale, il faut que cela se parface moyennant l'interuention du feu diuin, qui est trop plus puissant que n'est l'autre. Oyons ce qu'en allegue à ce propos S. Ambroise au 3. de ses offices: *Sainct Iean baptise* IESVS CHRIST *au Sainct* ESPRIT, *& au feu, qui est le type & image du Sainct* ESPRIT, *lequel apres l'Ascension d'iceluy deuoit descendre pour la remission des pechez, enflammant ainsi qu'vn feu l'ame & le cueur des fidelles, selon que dit Ieremie au 20. apres auoir receu cest* ESPRIT SAINCT; *Et factum est in corde meo vt ignis ardens, flammigerans in ossibus meis. Que veut donc dire ce passage des Ma-*
2.liu.1. & 2. *chabées, Le feu estoit deuenu eau; & ceste eau excite du feu: sinon que la grace spirituelle brusle par le feu, & par l'eau elle purifie & nettoye nos pechez? car le peché se*
1.Cor.3. *laue & brusle, selon ce que dit l'Apostre: Le feu prouuera quelles seront les œuures de chacun: car il faut necessairement que cest examen se parface à tous ceux qui desirent de retourner en Paradis. N'estant pas sans cause ny oysiuement escrit en Genese 3. qu'apres qu'Adam & Eue en furent bannis, Dieu posa à son issuë vn glaiue de feu voltigeant pour garder l'aduenuë de l'arbre de vie.* De ce feu doncques il faut que tous ceux-là soient sallez, qui sont en voye de salut, suiuant ce que met Origene Homelie 3. sur le Pseau. 36. *Il nous faut tous aller au feu de Purgatoire, & Pierre & Paul: mais tous n'y passeront pas de la mesme sorte que ceux-là firent, dont il est escrit en Isaie 43. parlant des esleus: Quand tu passeras par les eaux, les flots ne te couuriront point; car ie seray*

auecques toy : & quand tu marcheras à trauers le feu, la flamme ne te bruslera point non plus. *Les Israëlites passerẽt à pied sec par la mer rouge, & les Egyptiens y demeurerent submergez. Les trois enfans en la fournaise de Nabuchodonosor ne souffrirent aucun detriment, & ceux qui allumoient le feu par dehors, en furent consommez.* Et en l'Homelie 19. sur le 16. du Leuitique : *Tous ne sont pas purgez par ce feu qui part de l'autel, c'est le feu du Seigneur: car celuy qui est hors de l'autel, n'est pas de Dieu, ains vn feu estrange dedié pour le cruciement des pecheurs, esquels il ne s'esteint iamais, ny le ver qui les ronge ne desine point. Car apres que l'ame par la multitude de ses mauuais comportemens a entassé en soy vne abondance de pechez; ceste congregation de maux, par succession de temps vient à boüillir & s'enflammer d'vne peine & supplice interne, comme le corps fait d'vne fieure prouenant des excés de bouche, ou autres superfluitez, quand elle se viendra à ramenteuoir, & tistre vne histoire de ses forfaicts, qui luy seront vn perpetuel aiguillon dont elle sera tourmentée; si qu'elle se constituera comme accusatrice & tesmoing contre soy-mesme. Selon que dit l'Apostre, Inter se inuicem cogitationibus accusantibus, aut etiam defendentibus in die qua iudicabit Dominus occulta hominum.* Rom. 2.

Mais Ieremie d'autre part parle d'vn breuuage de l'ire de Dieu qui doibt estre versé à toutes manieres de gens, dont quiconque ne voudra boire, ne sera point purifié. Et de cela nous apprenons, que la fureur de la vengeance de Dieu profite pour le repurgement des ames, tant en general qu'en particulier: & il n'y a rien de plus purgatif que Chap. 25.

le feu: Dont le Prophete Malachie au 3. auroit dit, *Sanctificabit eos Dominus in igne ardenti.* Et tel est le feu de tribulations & aduersitez, duquel il faut que nous soyons sallez & purgez : car le sel est purgatif sur toute autre chose, comme on a peu assez de fois apperceuoir en ceux qui boiuent de l'eau marine, qui meurent tous de flux de ventre. De l'autre feu qui est l'exterminatif & estrange, dont il est ainsi parlé au 10. du Leuit. *Et egressus est ignis à Domino, & deuorauit Nadab & Abibu*: Dieu dit au 32. du Deuter. *Le feu s'est allumé en ma fureur; qui bruslera iusques en la plus profonde fosse d'Enfer, il deuorera la terre, & tout ce qui se produit en elle; & embrasera les plus bas fondemens des montaignes.* Car la iustice du Tout-puissant, dit l'vn des bons Peres, preuoyant ce qui deuoit aduenir dés l'origine du monde, crea ce feu de la gehenne eternelle (celuy dont entend parler Isaie, *quorum ignis non extinguitur*) pour commencer d'estre le supplice & punition des meschans, sans que son embrasement & ardeur prenne cesse, ores qu'il n'y ait bois ny charbon, ny autre matiere pour l'entretenir, ains en seront eternellement tourmentez en corps & en ame, puis qu'ils auront offencé de l'vn & de l'autre. Car les pechez sont l'amorce & nourrissement de ce feu; qui par vne coaceruation de méfaits, & surabondance d'iniquitez entassées les vnes sur les autres, enflambent l'ame à vn perdurable supplice; tout ainsi qu'vne fieure ardente le corps trop replet & rendu cacochyme par vne superfluité de viandes, & autres desordres & excés, dont il se seroit attiré vne mauuaise habitude. Car l'ame se venant lors à ramenteuoir ses delicts, agitée de vifs & tres-rigoureux aiguillons qui la poignent, vient à estre elle-mesme son accusatrice par certain remords de conscience, qui ne luy peut plus de rien profiter, *(quia in inferno nulla est redemptio)* & estre son tesmoin & son iuge, selon ce que met l'Apostre aux Rom. 2. *leur conscience rendant tesmoignage, & leurs pensées s'entr'accusans, au iour que Dieu iugera les secrets des hommes.* Mais il y a aussi vn feu en ce monde, duquel nous y deuons estre sallez & purifiez, pour autant de deduction de celuy qu'il nous faudroit endurer par delà: les tribulations à sçauoir, qui nous sont ainsi qu'vn minoratif en la medecine, de la complette purgation que nous y deuons receuoir.

Les deux feux dessusdits au reste, celuy de l'autel, & l'estrange, se peuuent assez proprement comparer, celuy-là à de l'eau de vie; & l'autre aux eaux-forts, qui exterminent & destruisent tout, là où l'eau de vie nous sert de nourriture: car tout ce que nous mangeons & beuuons en participe, & est ce qui passe & se conuertit en nourrissement. Bien est vray qu'elle se reuelle plus prochainement en d'aucuns subiects qu'en d'autres. Le vin est celuy où elle se manifeste plustost, & auec moins de preparations, & de peine: le froment apres, & ainsi du reste; car il n'y a rien dont la nature face si tost son profit que de ces deux. L'eau de vie est aussi appellée ardente; pource qu'elle conçoit ainsi facilement la flamme, & se brusle; parce qu'il faut de necessité que tout ce qui nous nourrist, patisse soubs l'action du feu: autrement comment est-ce que la chaleur naturelle y pourroit agir, qui est trop plus debile que celle du feu? Nous voyons par experience que nous ne sçaurions tirer nourriture quelconque des pierres, metaux, terre, & autres substances surquoy le feu ne peut mordre. Que si les loups mangent quelquefois de l'argille, & les canards & autres oiseaux de petits cailloux & grauier, c'est ou pour euiter la vacuité, ou pour quelque medicament à eux cogneu par vn secret instinct de nature: mais non pas que cela se digere ny leur serue de maintenement, non plus que le fer aux austruches, que toutefois elles corrompent par la forte & grande chaleur de leur estomac. Mais on dira que ceste assimilation contrarie à ce texte du 10. du Leuitique, où les enfans d'Aaron sont ainsi embrasez pour auoir offert du feu estrange. Ce que Rabi Simeon au Zohar refere en partie, qu'ils auoient seruy à l'autel estans yures & chargez de vin, car ce qui suit apres le demonstre; que Dieu dit à Aaron, *Toy ne tes fils ne boirez point de vin, ny d'autre chose qui enyure, lors que vous entrerez au tabernacle.* A quoy on peut respondre, que les similitudes ne peuuent pas en tout & par tout conuenir; autrement ce seroit la mesme chose qu'elles representent. L'eau de vie n'enyure pas: ioint qu'on n'en prend telle quantité à la fois qu'elle peust aliener les gens de leur esprit. Et encore qu'estant separée du vin, ce qui en reste ne soit plus que phlegme & residences, qui ne peuuent aucunement enyurer, n'y estans meslées & adiointes de la nature, que pour reboucher l'acuité de l'eau de vie: Toutefois on voit par experience en Allemagne, & autres regions froides où l'eau de vie est en grand' vogue, que pour quelque quantité qu'on en puisse prendre, elle n'enyure pas pour cela, comme feroit le vin en telle quantité que celuy dont elle auroit esté esteinte: & mettant vn peu d'eau dans du vin bien fort, il enyurera plustost que le beuuant pur. I'ay veu esprouuer de plus, que reconioignant l'eau de vie à ce dont on l'auroit tirée, ce meslange ne pourroit point enyurer non plus; parce que les parties vne fois separées des composez elementaires, puis y reconiointes, prennent toute vne autre nature que la leur premiere. Certes c'est vn grand appuy & soulagement que de l'eau de vie pour vn estomac debilité, soit par l'âge, ou par quelque accident, encore qu'on cuide qu'elle brusle & offense les parties nobles; car pour estre ainsi inflammable, elle n'est pas pourtant bruslante. Qui en voudra veoir de grandes vertus, lise les quintessences de Raymond Lulle, de Rupescissa, le ciel des Philosophes d'Vlstadius, & autres: car nous ne nous y voulons pas icy arrester, comme à vne chose qui est par trop triuialle & batuë. Ils l'appellent la quintessence, pour la conformité qu'elle a auec la nature celeste: & le ciel, à cause que tout ainsi que le ciel, qui est comme vn autre air, mais plus subtil que l'elementaire, contient les estoilles, dont il reçoit diuerses impressions & effects qu'il nous influë & communique icy bas; de mesme l'eau de vie s'empreigne aisément dés qualitez & vertus specifiques des simples qui y sont mis en infusion. A ce propos du ciel & estoilles, & de leurs differentes impressions, nous n'outrepasserons point icy vne belle dispute qui se presente. Le comte Pic de la Mirandole, vn prodigieux esprit certes, accompagné de tres-grande litterature; au 3. liure contre l'Astrologie iudiciaire, chap. 25. transporté d'vne trop ardente curiosité d'impugner ceste art: Voulons-nous, dit-il, prouuer que la proprieté & vertu de toutes les estoilles n'est qu'vne mesme? presupposons ceste maxime: Que la nature du ciel ne se peut plus apertement & succinctement exprimer, qu'en disant, le ciel estre vne vnité de tous les corps; car il n'y a rien en tout l'vniuers qui ne depende de certain VN, ainsi que de sa primitiue source: auec plusieurs autres premises, dont il veut conclurre, que de la proprieté & vertu de chaque estoille indifferemment, depend la faculté & vertu de tous les composez elementaires, sans y auoir autre difference entr'elles, si d'auenture ce n'estoit en grandeur, comme il se voit apparemment; ny qu'on puisse dire que l'vne preside plus particulierement à vne chose

chose d'icy bas, qu'à vne autre; car chaque estoille preside à tout: de maniere que si elles estoient toutes iointes & vnies ensemble en vn seul corps, ce seroit tout ainsi que si infinies flammes & feux venoient à s'assembler pour n'en faire qu'vn; lequel seroit plus fort de vray, mais non pas de diuerse proprieté & nature, qui ne se change pas és substances homogenées & homœomeres par vne coaceruation, ne qui vinst à produire d'autres effects qu'il faisoit estant separé, comme on peut voir en de l'eau: & vn gros flambeau, au prix d'vne petite bougie, qui en allumera infinies autres, aussi bien que fera le flambeau; bien que plus puissant pour reschauffer, cuire, & brusler, comme estant en plus grand volume. Mais c'est vne chose bien mal-aisée, que de renuerser vne opinion desia conceuë de longue-main; mesmement si elle est appuyée de l'authorité de l'Escriture saincte, qui nous doit estre comme vne pierre de touche pour y verifier nos ratiocinations, la plus part incertaines & erronées, si elles ne sont conduites de la diuine inspiration. Car il est escrit au Pseaume 146. *Dieu sçait le nombre de toutes les estoilles, & leur donne à chacune son nom.* Que si elles ont toutes leur nom different & particulier, dequoy pourroit-il seruir sinon pour les distinguer entre elles d'effects, de proprietez, qualitez & vertus? Car le nom des choses importe cela, suyuant ce qui est dit au 2. de Genese; *Ainsi qu'Adam nomma chaque chose, tel est son vray & propre*

nom : Que Platon en son Cratyle dit estre non tant seulement le type & representation des choses, mais leur essence. Et en cest endroit y a vne belle consideration bien à remarquer ; que Dieu laisse à Adam la nomination des choses terrestres, mais il se retient à soy celle des celestes ; comme l'exprime le Pseaume 113. *Cælum cæli Domino, terram autem dedit filijs hominum* : Qui est autant à dire, selon Rabi Moyse Egyptien, liure 2. de son Moré ou directeur, chapitre 25. Que le Createur sçait luy seul la certaine verité des Cieux, quelle est leur forme & leur substance, & leurs mouuemens : mais sur ce qui est au dessous du ciel, il a donné le pouuoir à l'homme de le cognoistre ; car c'est proprement le monde de l'homme que la terre, où il est produit, & le lieu de sa conuersation pendant qu'il est en ceste vie, tout ainsi qu'vn feu & lumiere attachée à la matiere : là où les causes surquoy nous pourrions fonder nos demonstrations quant au ciel, sont hors de nostre cognoissance pour en estre ainsi esloignez ; & en cest endroit de *Cælum cæli Domino*, il y peut auoir double exposition selon la punctuation & lecture ; *Que le ciel appartient au Seigneur du ciel* ; & ainsi le prennent quelques Hebrieux ; mais qui doute que la terre ne luy appartienne aussi bien que le ciel ?
Pseau. 23. *Domini est terra, & plenitudo eius.* Et en Ieremie 23. *Nunquid non cælum & terrã impleo ?* L'autre est, *Que le ciel du ciel est reserué à Dieu ; & la terre il l'a delaissée aux enfans des hõmes* : qui est vne maniere de parler vsitée

en l'Escriture saincte; *Si enim cœlum, & cœli cœlorum capere te non possunt*; dit Salomon à Dieu : car les Hebrieux appellent metaphoriquement ciel, les choses qui sont fort esloignées de nostre veuë; & nous aussi à leur imitation, comme quand nous disons d'vn milan, heron, & gerfault, qui se sont si hault esleuez, qu'à peine les peut-on discerner, qu'ils se vont perdre dans le ciel. Si que tout ce qui est d'icy à la sphere de la lune, & generalement tout ce qui est au dessus de nous, ils le nõment ciel : & le ciel du ciel est la region etherée, depuis la lune iusqu'au firmament; ou bien le firmament mesme ou ciel empyrée. Mais au demeurant, que les estoilles soient toutes d'vne mesme nature, proprieté & effect, pour les voir ainsi si semblables fors de grandeur & de clarté, il ne s'ensuit pas que cela voise de la mesme sorte qu'au feu, encore que communément nous les appellions feux & lumieres celestes : c'est tout ainsi que des semences des arbres & plantes, dont il y en a infinies qui s'entreressemblent; & les premiers germes aussi qu'elles iettent, qui ne different comme rien; mais à mesure qu'ils parcroissent, leurs differences se manifestent. Les Hebrieux tiennent qu'il n'y a si petite & mallostruë herbe en la terre, ne rien quelconque des trois genres des composez mineraux, vegetaux, animaux, qui n'ait là hault son estoille correspondante qui luy assiste, & dont elle reçoit son maintenement & conseruation. Mais comment peut quadrer cela? dira quel-

3. des Roys 8.

qu'vn à la trauerse ; parce qu'il semble deroger & contreuenir à ce qui est en termes exprés dans Genese, chapitre premier, où il est escrit, comme en la troisiesme iournée la terre de soy produit herbes & arbres, contenans en eux leurs semences selon leurs especes ; & neantmoins le soleil, ny la lune, ny les estoilles ne furent creez que le lendemain, le quatriesme, dont mesme est là designé l'effect & fonction : *Soient faits des luminaires au firmament du ciel ; à sçauoir le soleil, la lune, & les estoilles, pour separer la nuict du iour ; & soient en signes & saisons, en iours & en années* ; sans leur rien attribuer de leur assistance sur les arbres & plantes, & autres choses elementaires.

MAIS pour retourner aux particularitez de l'eau de vie, il n'y aura point de mal de toucher icy vn petit experiment qui s'en fait, fort gentil & rare, laissant les autres qui sont plus vulgaires. L'eau de vie a cela de particulier, qu'elle ne dissoult point le sucre, ny ne se ioint auecques luy comme fait son phlegme, & l'eau commune, le vinaigre, & autres liqueurs : mais par artifice il se fait des deux vne tres-soüefue liqueur, fort propre contre les fluxions des catharres & rheumes sallez qui molestent l'estomac & la gorge ; & en est vn bien grand soulagement. Faites tremper vn ou deux iours de la canelle concassée grossierement dans de l'eau de vie, & en prenez l'infusion bien nette. Ayez du sucre fin dedans vne escuelle à oreille, reduit en menuë pouldre, & pour l'aromatiser meslez-y quelque portion de sucre rosat. Versez dessus ceste eau de vie, & les faites vn peu chauffer sur les cendres; puis mettez-y feu auec vn papier allumé, remuant bien tout auec quelque petite broche de bois bien nette, tant que l'eau de vie ne brusle plus: & il vous restera vne liqueur la plus agreable au goust qui sçauroit estre, & merueilleusement confortatiue. Vous y pouuez adiouster de la liqueur de perles, de coral, & autres semblables, qui se dissoluent aisément dans du ius de citron, ou du vinaigre distillé, qu'on raddoucist faisant euaporer dessus quelque quantité d'eau commune ou de phlegme d'eau de vie; & non pas en les calcinant, comme fait Paracelse & ses sectateurs, auec du salpetre, qui est tout vn manifeste poison; ioint que *frustra fit per plura, quod per pauciora fieri potest, dummodo id æquè rite fiat.* Chacun au reste sçait assez la maniere de tirer l'eau de vie, emplissant les deux parts d'vn alembic de verre, ou de terre de Beauuais, de bon vin vieil; & le distillant à feu lent par le bain dans vn chaulderon plein d'eau auec de la paille. Continuez la distillation tant quo vous verrez de longues veines & filamens apparoistre en la chappe, & dans le recipient; car c'est l'eau de vie qui monte la premiere, & le phlegme vient apres en grosses gouttes, comme larmes; qui est signe qu'il n'y a plus d'eau de vie. On la peut affiner la repassant vne autre fois; mais ie ne serois pas d'aduis que pour en

prendre dans le corps, elle le soit plus d'vne fois : & est chose estrange que de sa grande subtilité ; car elle montera à trauers cinq ou six doubles de papier brouillas sans le mouiller : Ie m'en suis veu en ietter vn plein verre en l'air, & n'en tomber pas vne seule goutte en terre. Elle est d'vne souueraine efficace contre toutes brusleures, & mesme celles des harquebuzades, dont elle empesche, comme a esté dit cy-deuant, les estiomenes & gangrenes ; ce qui monstre assez la pureté de son feu, qui se peut à bon droict appeller celeste. Voicy ce que met Raymond Lulle de ses proprietez & vertus : Il ne nous faut pas attendre, dit-il, que ny la quintessence, ny autre chose d'icy bas, nous rende immortels;
Heb. 9. *statutum enim est omnibus hominibus semel mori* : ny nous doiue prolonger nos iours outre & par dessus le terme prefix ; car cela est reserué à Dieu ; *Breues*
Iob 10. *dies hominis sunt, & numerus mensium eius apud te est. Constituisti terminos eius qui præteriri non poterunt* ; là où au contraire ils se peuuent bien accidentellement abbreger. L'eau de vie donques, ny toutes autres sortes de quintessences & restauratifs ne nous sçauroient alonger nostre vie d'vne minute d'heure ; trop bien la peuuent-ils conseruer & maintenir iusqu'au dernier but, la preseruant de putrefaction, qui est ce qui plus l'abbrege : mais defendre la putrefaction par des choses corruptibles, cela ne se peut ; parquoy il faut chercher quelque substance incorruptible, propre & familiere à nostre

nature, & qui en conferue & maintient la chaleur radicale, ainsi que l'huille fait la lumiere d'vne lampe. Telle est l'eau de vie tirée du vin, la plus confortatiue & connaturelle substance de toutes autres; pourueu qu'on n'en abuse point par excés. Plutarque liure 3. question 8. des Symposiaques, accompare le vin au feu, & nostre corps à de l'argille. Si vous donnez le feu, met-il là, qui soit mediocre, à de l'argille & terre à potier, il la consolidera en des pots, bricques, thuilles, & autres semblables ouurages: mais s'il est excessif, il la resoult, & fait surfondre & couler. L'eau de vie outre-plus preserue fort de corruption, comme on peut voir par les choses vegetales & animales qu'on y met tremper, qui par ce moyen se conseruent en leur entier longuement. Elle conforte & maintient la personne en vigueur de ieunesse, qu'elle restaure de iour à autre: regaillardist & renforce les esprits vitaux; digere les cruditez prise à ieun; & reduit à vne égalité les superfluitez excessiues, & les defauts qui pourroient estre en nostre corps; causant diuers effects selon la disposition du subiect où elle s'applique, comme fait la chaleur du soleil, qui fond la cire, & endurcist la fange: & le feu de mesme. Et est ce celeste esprit resident en l'eau de vie, si susceptible de toutes qualitez, proprietez & vertus, qu'il se peut rendre chauld en l'empreignant de choses chaudes, froid de froides, & ainsi du reste, neutre qu'il est, conformément à nostre ame, inclinable au bien & au mal. Car encore qu'elle consiste des quatre elemens, ils y sont neantmoins si proportionnez que l'vn n'y predomine pas à l'autre : Parquoy on l'appelle ciel, auquel on applique telles estoilles que on veut, à sçauoir les simples elementaires, dont elle conçoit les proprietez & effects. On y peut donc accomparer ce feu celeste de l'autel.

Mais les eaux fortes qui dissipent & ruinēt tout, sont ce feu estrange; & ainsi les appellent les Alchimistes, & le feu contre nature, le feu externe, & autres semblables exterminatifs. Certes si les effects de la pouldre à canon sont si admirables, consistans de si peu d'especes & ingrediens, qu'on la peut bonnement appeller le vray feu infernal, deuorateur du genre humain; l'action des eaux fortes ne l'est pas moins, qui bruslent tout, composées qu'elles sont seulement de deux ou trois substances : celle qu'on appelle communément de depart, de salpetre, & vitriol, ou alun de glace: & ceste-cy dissoult l'argent, le cuyure, l'argent-vif, & le fer en partie. La regalle qui n'est autre chose que la precedente, rectifiée sur du sel armoniac, ou sel commun, dissoult partie du fer, le plomb, l'estain, & l'or indomptable à toutes sortes de feux : bien est vray, que les eaux fortes n'exterminent pas les metaux, qu'ils ne retournent en leur premiere forme & nature; mais elles les attirent en eau & liqueur coulante. Ce a esté certes vne bien artificieuse industrie à l'esprit humain, d'excogiter vne voye si abregée de separer l'or & l'argent

fondus

fondus ensemble, & si vniformement meslez, qu'vne once d'or fonduë auec cent marcs d'argent, chaque partie d'iceluy en attirera esgallement sa portion; comme on peut veoir par la practique des affineurs, qui pour esprouuer ce que tient d'or & d'argent vne masse confuse de diuers metaux, n'en prendront que trente grains pour en faire leur essay à la couppelle; & de là ils iugent que la mesme proportion qui se trouuera en ce petit volume, sera aussi en toute la masse. Tout ce qui y peut estre de metal impur imparfait, s'en va partie en fumée, partie se consume par le feu, & partie s'inuisque dans la couppelle, ne demeurant dessus icelle que le fin, l'argent à sçauoir, & l'or, qui y est enclos, qu'on en separe par l'eau fort, ditte à ceste occasion de depart; qui resoult l'argent en eau, & l'or s'en va au fonds comme vn sable: l'eau puis apres euaporée, l'argent se retire. Mais il y auroit trop de choses à dire sur les effects des eaux-forts, l'vn des principaux & plus abbreuiatifs instrumens d'Alchimie, & art du feu & du sel; auec infinies belles allegories qui s'en pourroient approprier sur l'Escriture saincte.

Ces deux feux encore se peuuent accomparer, l'estrange à sçauoir au leuain, à l'eau de la mer qui est sallée, & au vinaigre, vn vin corrompu; & autres sortes de ferments, feux contre nature; & le celeste de l'autel, à la paste pure & azyme, à l'eau douce propre à boire; & à l'eau de vie, dont le vinaigre est destitué; represẽtans l'estat d'innocence de nos premiers peres auant leur transgression, & la simplicité de leur cognoissance à eux infuse du Createur. Mais quand tentez de l'ambition puis apres, de sçauoir plus qu'il ne falloit, ils voulurent par l'humain discours deuenir plus subtils & sages, en goustant du fruict de science de bien & de mal, leur paste azyme se vint lors à enfler & enorgueillir du leuain qu'ils y introduirent, qui la peruertit & gasta, l'appropriant aux choses corporelles & sensibles: car le pain que nous mangeons est leué, & celuy dont on vse en l'Eglise ne le doibt estre, non sans cause; car du pain azyme se gardera plus de semestres sans se moisir & corrompre, que la paste leuée ne fera de sepmaines: c'est pourquoy l'Apostre a dit; *Modicum fermenti totam massam corrumpit.* A cause que l'vne des proprietez des ferméts, est de conuertir en leur corruption tout ce qui y est adioint de leur nature, comme fait le vinaigre le vin, & le leuain la paste pure: la presure aussi, qui est du nombre des ferments. Et quand on n'a point de leuain, on en fait, corrompant la paste auec du vinaigre, residences de bieres, œufs, & semblables substances, qui par leur corruption s'acquierent la proprieté d'vn feu estrange, qui est aussi de conuertir à sa nature ce où il peut mordre; comme on peut veoir de la fieure enuers la chaleur naturelle: si qu'il se tourne en toutes choses, & tout en luy, selon Heraclite, qui le mettoit pour le principe, apres toutesfois Zoroastre, lequel estimoit toutes choses s'engẽdrer du feu, apres qu'il estoit esteint: car estãt vif il n'engendre rien, cõme ne fait non plus le sel, ny la mer qu'Homere appelle de là ἀτρύγετος infructueuse; ains ne fait que consumer & destruire: *Immensa & improba rerum portio* (dit Pline) *& in qua dubium sit, plura absumat, an pariat.* Le leuain donques est vn feu estrange, & de faict il est caustique; car appliqué sur la chair nuë il y engendre de petites cloches, ce qui monstre son igneité: (aussi ne se fait-il point sans du sel) dict pour ceste occasion en Latin *fermentum, quòd feruendo crescat*; & en Grec ζύμη de ζέω boüillir, brusler. Les Chymiques l'appellent le feu interieur, *ignem intra vas*: car nous voyõs par experience, que le pain, si la paste n'en est leuée, quelque cuisson qu'on luy puisse donner, ne sera iamais qu'elle ne soit de dure & malaisée digestion, & chargeant fort l'estomac, si que le leuain qu'on y adiouste la fait cuire par le dedans. Dont vient donques que Moyse si sçauant homme, & si illustré de l'esprit diuin, reiette ainsi vne chose si vtile & necessaire, & bannist si expressément le leuain de ses sacrifices, qui est vn si grand aide & secours en nostre principal aliment, le pain? *Nequicquam fermenti aut mellis adolebitur in sacrificio Domini.* Et au 12. d'Exode il condamne à mourir ceux qui durant les iours des azymes auroient mangé du pain leué, ou qui en auroient tant soit peu chez soy. Est-ce point pource que les idolatres vsoient de leuain?

Liu. 36. chap. dern.

Leuit. 3.

Mais il ne le defend pas en tout & par tout: car au 23. du Leuit. il veut qu'on offre deux pains leuez. Dauantage les idolatres employoient bien aussi en leurs sacrifices & du sel & de l'encens, & plusieurs autres choses qu'il n'a pas defendues: il faut donc qu'il y ait quelque mystere caché là dessous. Origene Homelie 5. sur le Leuit. interprete le leuain pour l'arrogance que nous conceuons d'vne vaine doctrine mondaine, qui nous enfle ainsi que le leuain fait la paste; & nous enorgueillist, estimans plus sçauoir que nous ne faisons: si que nous quittons là l'expresse & directe parole de Dieu, pour nous retenir à nos traditions fantastiques, comme le reproche le SAVVEVR aux Phariziens, en sainct Marc 7. *Certainement Isaie a fort bien prophetisé de vous, hypocrites, quand il a dit, Ce peuple icy ne m'honore qu'assez de leures, mais leur cœur est au loing de moy. Car en delaissant les commandemens de Dieu, vous vous retenez aux traditions des hommes.* Et pourtant il nous admoneste de nous garder de ce leuain. Et sur les Nombres, Il n'est pas à croire, dit le mesme Origene, que Dieu eust voulu faire punir de mort ceux qui durant la solennité des azymes eussent mangé du pain leué, ou se fust trouué du leuain chez eux, si cela n'importoit autre chose que ce qu'il signifie à la lettre: ains par ce leuain s'entend la malignité, enuie, rancune, concupiscence, & semblables vices, qui enflamment nostre ame, & la font boüillir à de mauuais & pernicieux desirs, corrompant, alterant,

S. Matth. 16.

& peruertissant tout ce qui y pourroit estre de bon, suiuant ce que dit l'Apostre, *Modicum fermenti totam massam corrumpit.* Parquoy il ne nous faut point mespriser vn petit peché ; car à maniere du leuain il en aura bien tost produit d'autres. Ne mesprisez pas, dit sainct Augustin, les machinations & embusches de peu de gens : car comme vne scintille de feu est peu de chose, & qui à peine se peut discerner; si elle rencontre de l'amorce & nourrissement, elle embrasera en peu de temps de grosses villes & citez, des forests, & des contrées tout entieres : de mesme est le leuain, qui pour peu qu'on en adiouste à de la paste ou farine, il l'altercra en peu d'espace, & la conuertira à sa nature. De mesme est la peruerse doctrine, qui gaigne peu à peu pays, comme vn cancer dedans le corps. Et au 3. liure contre Parmenian: *Se glorifier non de ses pechez, mais de ceux des autres, comme fait ce Pharisien en S. Luc 18. Je te rends graces, Seigneur Dieu, que ie ne suis point comme les autres hommes, rauisseurs, iniustes, adulteres : ie ieusne deux fois la sepmaine, &c. comparant son innocence aux defauts des autres, cela n'est qu'vn peu de leuain : mais de se glorifier de ses iniquitez & mesfaits, est bien grand.* Le leuain au reste est pris en bonne, aussi bien qu'en mauuaise part dedans l'Escriture saincte; si qu'il se rapporte aux deux feux. La mauuaise a esté cy-dessus touchée pour vn orgueil & mauuaistié qui corrompt l'ame. Quant à la bonne, au 7. du Leuitique il y a des pains de paste leuée, qu'on

1. Cor. 5.

offre pour les pacifiques, auec l'oblation de graces: & au 23. de chaque famille deux pains leuez des primices des bleds à la Pentecoste. Et en S. Matthieu & S. Luc 23. IESVS CHRIST accompare le regne de Dieu au leuain qu'vne femme a mis dans trois mesures de farine, tant qu'elle fust toute leuée. Car là il est pris pour vn feruent zele d'vne foy ardente: Et c'est le feu dont nous deuons estre sallez: car tout ainsi que le feu cuist nos viandes, & le sel les assaisonne; aussi le leuain est cause que la paste se cuit bien mieux, & se prepare par iceluy à se rendre plus saine, & de plus legere digestion; & plus sauoureuse & de meilleur goust: auquel cas le leuain se rapporte à la loy Euangelique, ainsi que dit S. Augustin; & le vieil leuain à la Mosaïque, que les Iuifs ne prenoient qu'à l'escorce, & par les cheueux. Au moyen dequoy l'Apostre nous admoneste de le reietter loing de nous, c'est à dire toutes superstitions & malices. *Despoüillez-vous de ce vieil leuain, à fin de vous rendre vne nouuelle paste comme vous estes, destrempée sans iceluy, dont vn bien peu la feroit leuer toute; car nostre agneau paschal,* IESVS CHRIST, *a esté immolé pour nous. Pourtant celebrons-en la feste, non pas auec le vieil leuain, ny auec vn leuain de malice & iniquité cauteleuse, mais auec des pains sans leuain, de preudhommie & de verité.* Lequel leuain est sans doubte ce feu estrange qui nous deuore & consume par le dedans, c'est à dire l'ame, pour nous aualler & faire descendre tous viuans en Enfer. Et le feu de l'autel, le celeste, de charité, foy, esperance, est celuy dont nous deuons requerir à Dieu d'embraser nos cueurs, & saller toutes nos pensées & nos desirs, qu'il ne s'y engendre point de corruption ; comme celuy d'icy bas le fait és choses corruptibles & corporelles ; prompt ministre & executeur de ce qu'il plaist à la bonté diuine nous eslargir de soulagemens, & commoditez en ceste vie temporelle. Quantes obligations t'auons-nous donques, excellente portion de la nature, sans laquelle nous viurions en si grand'misere ? Tu nous esclaires en tenebres : Tu nous resiouïs à l'obscurité, nous apportant vn autre iour. Tu deschasses d'entour nous les puissances nuisibles ; les frayeurs & illusions nocturnes : Tu nous reschauffes ayans froid, & ressuyes estans moüillez : Tu cuis nos viandes : Tu es le souuerain artisan de tous les mestiers & manufactures, qui nous ont esté reuellées pour nous remparer contre nos imbecillitez naturelles, qui nous rendent pour le regard du corps le plus foible & infirme animal de tous autres. Tout cela moyennant la diuine beneficence, tu le communiques à tous les mortels. Et toy, ô clair lumineux soleil, l'image visible du Dieu inuisible, la lumiere duquel se rabat en toy, ainsi que dedans vn beau poly miroir, te rendant plantureux en toutes sortes de bienheuretez, que puis apres tu communiques à toutes les creatures sensibles : Qui tant beau, & si desiré liberal bien-faicteur te leues tres-resplendissant auec tes lumineux rayons, que tu espands en tous les endroits de ce monde, & par la vertu de ton esprit & haleine, par ta vigueur viuifiante, tu gouuernes & maintiens ce grand Tout. Toy l'illustre phanal du ciel, toy la lumiere de toutes choses; cause & autheur secondaire de tout ce qui se produit icy bas: qui par la faculté & puissance que t'a eslargie le souuerain dispensateur de tous biens, obliges à toy toute la nature: Qui d'vne course infatigable parcours & visites iournellement les quatre coings de l'vniuers. Ta beauté & lumiere, tu l'empruntes de l'incogneuë & imperceptible à nos sentimens, la Diuinité, & la depars d'vne liberalle largesse, sans aucun voile ne couuerture qui se vienne interposer entre deux, à la lune ta chere espouse, pour nous en esclorre icy bas les effects; allumant par mesme moyen de ton inextinguible & inexpuisable flambeau tous les feux celestes. Regarde-nous donc d'vn œil benin & fauorable, & par l'excellente beauté qui se monstre en toy, esleue-nous l'entendement à la contemplation de ceste autre plus grande que nul œil mortel ne sçauroit soustenir, ny l'esprit apprehender, que par vne profonde & pieuse pensée, entant qu'il luy plaist l'en gratifier.

Mais toy Souuerain pere de cest intellectuel feu & lumiere, que te pouuons-nous icy apporter que de deuotes supplications & prieres? qu'il te plaise brusler du feu de ton Sainct Esprit, les volontez & les courages de nous autres tes humbles

bles creatures, afin que nous te puiſſions ſeruir d'vn corps chaſte; & t'agréer d'vne pure & nette conſcience, à l'honneur & gloire de ton ſainct nom, & ſalut de nos ames; par noſtre Seigneur IESVS-CHRIST ton cher fils, qui vit & regne auec toy Dieu coëternel, és ſiecles des ſiecles.

AINSI SOIT-IL.

TRAICTE' DV FEV ET DV SEL.

PAR LE SIEVR BLAISE DE VIGENERE.

SECONDE PARTIE.

TOVT *homme sera sallé de feu, & toute victime sera sallée de sel*, en sainct Marc 9. Du feu il en a esté parlé cy-dessus. Reste le sel dont il n'y aura moins de choses à dire. Mais c'est vn cas estrange que les ceremonies du Paganisme se soient trouuées en cest endroit, & infinis autres, aux traditions Mosaïques, *Le feu bruslera tousiours sur l'autel*, est-il dit au 6. du Leuitique, *lequel le Prestre entretiendra en y mettant du bois chaque matinée. Le feu sera perpetuel sans iamais faillir sur l'autel.* Et au second, *Tu saleras auec du sel toutes les oblations de tes sacrifices; & n'oublieras de mettre le sel de l'alliance de ton Dieu dessus iceux: Tu offriras en toutes oblations du sel.* Lequel sel au 18. des Nombres est appellé *la paction sempiternelle deuant*

Dieu à Aaron & à ses fils. Et Pythagore en ses symboles, ordonne de ne parler de Dieu sans lumiere, & d'appliquer du sel en tous sacrifices & oblations. Et non seulement Pythagore, mais Numa aussi, que la plus part tiennent auoir precedé Pythagore de plus de cent ans, institua le mesme selon la doctrine des Hetrusques. Il n'est pas à croire que Moyse si cheri bien-aimé de Dieu, & si illustré de ses inspirations dont procederent tous les enseignemens qu'il laissa, & si ardent persecuteur des idolatries & superstitions des Ethniques, en eust rien voulu emprunter. Plus est-il vray-semblable qu'eux par les instigations du Diable, qui s'est tousiours constitué cõme vn singe de son Createur, pour se faire idolatrer, ait voulu destourner ces sacrez mysteres à leurs abusiues impietez, selon que le deduisent fort bien Iosephe contre Appion, & sainct Ierosme contre Vigilantius. Si que, tout de mesme qu'en la loy Iudaïque, il ne se faisoit point de sacrifices & oblations au Paganisme, qu'on n'y admist du sel, selon que le tesmoigne Pline, liu.31. chap.7. *Maximè autem in sacris intelligitur salis authoritas, quando nulla conficiuntur sine mola salsa.* Platon au Timée, *Quand en la commixtion & meslange des elemens, le composé est destitué de beaucoup d'eau, & des plus subtiles parties de terre, l'eau qui y reste vient à se congeler à demy, la salsature s'y introduit, qui le rendurcist d'auantage; & ainsi se procrée le corps du sel, communicatif à l'vsage de nostre vie, en tant que touche le corps & ses sentimens; ac-*

commodé par mesme moyen selon la teneur de la loy, à ce qui depend du diuin seruice, comme estant sacré & fort agreable aux Dieux: dont il l'appelle θεοφιλὲς σῶμα. C'est pourquoy Homere l'appelle diuin; dont Plutarque au 5. liure de ses Sympoſiaques, question 10. rend plusieurs raisons; & entre autres, pource qu'il symbolise à l'ame qui est de nature diuine, & tant qu'elle reside au corps, elle le garde de putrefaction, comme fait le sel la chair morte, où il s'introduit en lieu de l'ame qui la garde de se corrompre: dont quelques-vns des Stoïques auroient dit que la chair de porc de soy estoit morte, & que l'ame n'y estoit semée qu'à guise de sel pour la conseruer plus longuement exempte de putrefaction; *Quibus anima data est pro sale*. Nos Theologiens disent que la ceremonie de mettre du sel dedans l'eau quand on la benist, est venuë de ce qu'Elisée fit au quatriesme liure des Roys, chapitre 2. de radoucir les eaux de Iericho, en iettant du sel dans leur source. Et cela denote que le peuple, lequel est designé par l'eau (*Aquæ multæ, gentes multæ sunt*) pour estre sanctifié, se doit instruire de la parole de Dieu, que le sel signifie, auec l'amertume & repentance qu'on doit auoir d'offenser Dieu; comme l'eau fait aussi la confession tant de sa foy, que de ses pechez: de la commixtion desquels deux, sel & eau, en procede vn double fruict, se separer de ses méfaits, & se conuertir à de bonnes œuures. Et d'autant que la repentance de ses pechez doit preceder la confession auriculaire; laquelle repentance est denotée par l'amertume du sel, on le benist aussi premier que l'eau. Il est pris aussi pour la Sapience, *Vos estis sal terræ*, &, *Habete sal in vobis*. Et pource qu'en tous les sacrifices anciens se mettoit du sel; de là est venu qu'au baptesme on met du sel en la bouche de la creature, auant que la baptiser de l'eau. A ce qu'elle ne peut auoir encore actuellement, le mystere du sel y supplée pour l'heure.

DV FEV donques, & du sel dependent de grands mysteres & secrets, compris soubs les deux principales couleurs, rouge & blanc: car, comme met le Zohar, toutes choses sont blanc & rouge; mais il y a beaucoup d'interualles de l'vn à l'autre. Dieu teint nos pechez qui sont rouges, car la concupiscence vient de sang & de la sensualité de la chair arrousée de sang; & nous teignons sa blancheur & misericorde en vn rouge ou rigueur de iustice par le feu qui embrase nos charnels desirs, & leur pourchasse le iugement, qui est par tout où est le feu, s'il n'est amorty de l'eau salutaire. Et quand les peruers preualent au monde, comme ils font ordinairement, la rougeur & le iugement s'y espand: & toute la blancheur se couure, qui s'altere plustost en rouge que ne fait le rouge en blancheur; laquelle si elle predomine, tout au rebours resplendist d'elle. A ces deux couleurs se rapportent aussi la loy ancienne, & l'Euangelique: la rigueur de iustice, & la misericorde; la colonne de feu par l'obscurité de la nuict, & la nuée blanche sur iour; le vin & le pain, le sang & la graisse, qu'il n'estoit pas loisible de manger: *Vous ne mangerez point de chair auec le sang*: en Gen. 9. & au 3. du Leuit. *Toute la graisse est au Seigneur par vn edict perpetuel. Vous ne mangerez aucune graisse ny sang*. Ce qui est encore plus particulierement repeté au 17. où la raison en est renduë; pource que l'ame, c'est à dire la vie de la chair, est au sang, lequel mystiquement representoit celuy du MESSIHE, auquel consistoit la vie eternelle; si qu'il n'estoit pas loisible d'en vser d'autre auant son aduenement. De mesme la graisse estoit reseruée à Dieu, tant celle que les Hebrieux appellent *cheleb*, qui couure les intestins, & est separée de la chair; que l'autre ditte *schumen*, qui y est annexée. Mais metaphoriquement la graisse est prise pour la substance la plus exquise; comme au 18. des Nombres, les decimes qui estoient le meilleur des fruicts, sont dites la graisse d'iceux. De laquelle maniere de parler nous vsons aussi, quand nous disons; Faites que ceste portion soit bien grasse, de quelque chose que ce soit. Et au Pseaume 80. *Cibauit eos ex adipe frumenti*. Pourroit estre aussi que Moyse sçachant assez que ces deux substances, sang & graisse, sont de mauuais suc & nourrissement, & se corrompent bien tost hors de leurs vaisseaux, en auroit defendu l'vsage: ou si nous voulons entrer en quelque mystere, pource que dans le sang cōsistent les esprits vitaux,

Zohar M. 30.

qui sont de nature de feu; & que la graisse est fort susceptible de flamme, & propre à faire des lumieres, qui sont vne representation de l'ame. Mais l'huille l'est aussi pour les lampes, qu'il n'a pas defendue au manger, & nous ne voyons pas qu'au diuin seruice on vse de chandelles de suif. Ces deux encore, feu & sel, denotent le vin & le laict. *I'ay beu mon vin auec mon laict.* Cant. 5. par le vin estant designé l'arbre de science de bien & de mal, à sçauoir la vaine curiosité des choses mondaines; & par le laict celuy de vie, dont Adam fut priué pour auoir voulu gouster de cest autre-là, qui estoit la prudence humaine. *Deuant qu'Adam eust transgressé* (dit le Zohar) *il estoit fait participant de la Sapience de la lumiere superieure, ne s'estant point encore separé de l'arbre de vie: mais quand il s'en voulut distraire apres la notice des choses basses, ceste curiosité ne cessa qu'elle ne l'eust du tout despouillé de la vie, pour l'incorporer à la mort.* Iacob & Esau, les deux principaux Potentats de la terre qui en sont descendus. Item la rose & le lys; dont l'eau qui s'en extrait & monte par la chaleur du feu qui l'esleue est blanche, encore que les roses soient rouges; comme est la fumée qui s'exhaloit du sang & de la graisse qu'on brusloit à Dieu pour en enuoyer en hault la vapeur; afin de denoter, dit le mesme Zohar, qu'on ne luy doit rien offrir que de candide: car la rouge represente le peché, & la punition qui s'en ensuit; & le blanc la syncerité auec la misericorde & la recompense finale qui l'accompagne. *Qu'est-ce*, dit le Zohar, *qui se designe par les roses rouges, & le lys blanc? C'est l'odeur de l'oblation, prouenant du sang rouge, & de la graisse qui est blanche; que Dieu se reserue pour sa portion.* Laquelle graisse se rapporte à la victime, ou homme animal qui se nourrist de la graisse, ainsi que les esprits vitaux font du sang: Parquoy il est dit, quand on ieusne pour s'extenuer & macerer les aiguillons de sa chair & concupiscence; qu'on offre sa graisse à Dieu, lequel veut de sa creature l'ame, qui est le feu & le sang; & le corps, à sçauoir la graisse dont il se nourrist; mais l'vn & l'autre incontaminez, purs & nets, sans corruption, ainsi que s'ils estoient passez par le feu & sallez. Pourtant il veut qu'on les luy brusle, afin qu'ils montent en fumée blanche, & odeur de suauité deuant luy: car la fumée est plus spirituelle que la matiere; dont le feu la subtiliant s'enleue à guise d'vn encensement. Et de fait tout ce monde icy n'est qu'vne odeur qui monte à Dieu, par fois bonne & agreable, par fois mauuaise & ennuyeuse. La forme de la chose qui consiste en sa figure & couleur, demeure incorporée à la matiere, où l'œil la va apprehender, & s'y associe. Le goust y demeure aussi attaché; que la salive destrempe pour le communiquer à la saueur. Mais l'odeur s'en separe, & paruient de loing en vapeur inapperceuable au sentiment du nez & cerueau. Parquoy l'escriture particularise l'odeur en la rose & au lys; le rouge & le blanc; dont l'odeur

deur ne s'esuanouïst point. Et encores que les roses soient rouges, l'eau neantmoins qui s'en distille, & la fumée, si on les brusloit, en sont blanches, ainsi que celles de l'encens, dont il est dit au Pseaume 140. *Dirigatur oratio mea sicut incensum in conspectu tuo:* par les oraisons s'entendans non tant seulement les prieres, mais tous nos desirs, nos pensées, actions & comportemens: & là dessus Rabi Eliezer fils de Rabi Symeon autheur du Zoar, faisant sa priere, paraphrase ainsi: *Cela est assez cogneu & manifesté deuant toy, ô Seigneur mon Dieu, Dieu de nos peres, que ie t'ay offert ma graisse, & mon sang. Ie te les ay offerts en odeur de suauité, auec vne ferme foy & creance; macerant, chastiant la sensualité de mon corps. Qu'il te plaise donques, Seigneur, que l'odeur de ma priere sortant de ma bouche soit presentement addressée deuant ta face, comme l'odeur d'vn holocauste qu'on te brusleroit dessus l'autel de la propiciation; & de l'auoir pour agreable.* Il dit cela, pource que depuis l'aduenement du SAVVEVR & la destruction du second temple par les Romains, les sacrifices Iudaiques furent conuertis en prieres; les sacrifices sanguinolents denotez par les roses rouges de couleur de sang; & les incruëtes, comme les *minchad*, & autres semblables de farine, par les liz qui sont blács, suiuant ce qui est dit és Cantiques 5. & 6. *Dilectus meus candidus & rubicundus: qui pascitur inter lilia.*

Soubs ces quatre couleurs au reste qui designent les quatre elemens; le noir, la terre; le blanc, l'eau;

le bleu, l'air; & le rouge, le feu, sont compris de tres-grands secrets & mysteres. Autrefois en lisant dans Pline liu. 35. chap. 10. qu'Apelles auoit peint Alexandre tenant la foudre dans sa main: *digiti eminere videntur, & fulmen extra tabulam esse; sed legentes meminerint omnia ea constare quattuor coloribus*; Ie ne sçauois bonnemēt specifier quelles estoient ces quatre couleurs qui debuoient estre les principalles en nature, iusques à ce que i'ay appris du Zohar de les considerer en vne lumiere; où cela est bien à noter, qu'il y en a deux attachées au lumignon, à sçauoir le noir denotant la terre, & le rouge qui en procede, le feu; & deux à la flamme, le bleu en la racine vis à vis du noir, & le blanc au haut opposé au rouge. Mais voyons comment cela quadre bien à la theorie Chymique, qui constitue de ces quatre elemens deux solides & fixes, qui se preparent ensemble, la terre & le feu qui adherent au lumignon; & les deux autres liquides volatils & coulants, l'eau & l'air, blanc & bleu, comme est la flamme qui est liquide & en perpetuel mouuement. Et ne faut pas trouuer estrange que l'air, le bleu, soit plus bas que l'eau ou la flamme blanche qui est au haut, parce que la partie aërée, qui est l'huile & la graisse, se separe plus tard & plus mal-volontiers du composé que ne fait l'eau qui est plus opposée au feu: mais voyons plus mystiquement là dessus ce qu'en parcourt encor d'abondant le Zohar. La lumiere rouge tant en la terre comme au ciel est celle qui destruit & dissipe tout, car c'est la tige de l'arbre de la mort; comme on peut veoir en vne lampe, chandelle & autre lumiere, dont la racine est en la terre, à sçauoir ceste noirceur corruptible & corrompante qui abbreuue le lumignon, & les branches & rameaux sont la flâme bleuë & blanche. Le lumignon auec sa noirceur & rougeur est le monde elementaire, & la flamme le celeste. La couleur rouge commande à tout ce qui est au dessous d'elle & le deuore. Et si vous dites qu'elle domine aussi au ciel, non qu'au monde inferieur: on pourra respondre; Et combien y a-il de vertus & puissances là haut qui sont destructiues, & dissipent les choses basses subiacentes? Toutes les superieures sont anchrées en ceste lumiere rouge, & les inferieures non; car elles sont crasses, grossieres & obscures: & ceste lumiere rouge, qui est contiguement au dessus, les ronge & deuore, & n'y a rien en ce bas monde qui n'en soit destruit. Elle penetre & entre és pierres, les perse & trouë, que les eaux peuuent passer à trauers, & noyent tout dans les abysmes & creux de la terre, où elles se departent de costé & d'autre, tant qu'elles viennent à se rassembler de nouueau en leurs abysmes, passans à trauers les tenebres qui se confondent auec elles: ce qui est cause que les eaux montent & deualent; (montent quand elles viennent de la mer par dessous terre, à leurs sources, pour de nouueau couler dessus terre en bas, retournans au lieu d'où elles sont parties) si que les eaux, les tenebres & la lumiere se pesle-meslans il se fait là dedans vn autre chaos, que la nature vient à demesler (la chaleur à sçauoir qui y est enclose) de l'ordonnance du dispensateur souuerain, qui luy commande. Et s'en font des lumieres qu'on ne sçauroit veoir, parce qu'elles sont tenebreuses. Chaque canal au reste monte contremont auec sa voix, dont ces abysmes sont esbranlez, & crie à son compagnon, (*Abyssus ad abyssum clamat in voce cataractarum suarum.*) Et qu'est-ce qu'il crie? Ouure-toy auec tes eaux, & i'entreray en toy. Ce sont tous mysteres assez mal-aisez à comprendre, mais qui ne tendent qu'à demonstrer l'affinité & connexion du monde sensible auec l'intelligible, & de l'elementaire au celeste: car comme est dit en vn autre endroit; Le firmament vniuersel, qui s'appelle le firmament du ciel, contient les choses superieures & inferieures, bien que par diuerses manieres: ce qu'on peut veoir en vn flambeau, où la noirceur, qui est la terre, est le fondement des trois elemens & couleurs; la rouge n'estant qu'vne inflammation & ardeur iointe à la noirceur, sans flamme aucune ny lumiere, comme sont le bleu & le blanc, qui procedent d'vne mesme racine, toutes tendans à s'aller vnir auec la flamme blanche qui est au dessus, & la plus haut esleuée des autres: neantmoins elle n'est pas pour cela si pure & si despouïllée de toutes ordures, qu'elle ne procrée de la suye & fumée noire & infecte: dont elle a besoin d'estre depurée par le feu, tant qu'il ait acheué de consumer sa corruption, & la rendre en vne parfaicte blancheur, qui de là en auant ne s'altere plus. Et c'est ce que nous auons dit cy-deuant, que le feu laisse deux sortes d'excremens non assez depurez pour le premier coup; les cendres en bas, dont par le mesme feu s'extrait la substance incorruptible du sel, & le verre finablement: ce que le Zohar n'a pas ignoré, quand il dit sur Exode, *Ex lixiuio ex quouis cinere confecto, educitur sal & vitrum*: Mais ores qu'il ne l'eust pas dit, c'est chose assez commune & manifeste à ceux qui manient le feu. Lequel excrement cineral vient de l'adustion & embrasement des charbons: mais la suye qui est plus spirituelle, parce qu'elle monte & est esleuée en haut, naist de la flamme qui n'a eu le loisir & pouuoir de l'acheuer de mondifier; si que le pur & impur sont montez ensemble. Et certes rien ne sçauroit mieux conuenir à nos ames apres leur separation du corps, qui emportent auecques elles les impuritez qu'elles ont attirées de luy pendant leur seiour icy bas; si qu'il faut qu'elles repassent par le feu, & en soient acheuées de blanchir du tout: *Omnis homo igne salietur, & omnis victima sale salietur*: Le lumignon & les cendres representans l'homme exterieur animal, & son corps, & les deux flammes bleuë & blanche; la bleuë le corps celeste & etherée, & la blanche, les ames despoüillées de toute corporeité: qui és gens de bien seront bruslées du feu qui ard tousiours dessus l'autel, & sallées du sel de son alliance; les promesses à sçauoir de son MESSIHE, auquel le Prince de ce monde n'a que veoir, ainsi qu'il a en la posterité d'Adam, qui est toute remplie de cendres, dont il fut le premier basty; & de la suye du peché originel, dont il l'entacha par sa desobeissante preuarication: si que nous sommes la nuict où Moyse commence à compter le iour, parce que selon la chair nous sommes deuant le MESSIHE, lequel estant venu depuis, est le iour esclairé de ce clair soleil de iustice, que les Caballistes dient estre la representation du יהוה *Ihouah*, dont le fourreau, comme ils l'appellent, est *Adonai*, dont Dieu le deuoit tirer dehors: car c'est celuy qui mondifiera les iustes, & bruslera les meschans du feu noir & caligineux. A quoy bat aussi ce qui est dit que des animaux du throne descendra vn lyon enflambé lequel deuoroit les oblations. Il y a des Anges commis sur chaque membre qui peche, dont ils se constituent les delateurs: car tout homme qui commet quelque offence, soudain il se delegue luy-mesme vn accusateur qui ne luy sera pas fauorable plus qu'il ne doibt, ains luy apprestera vn feu d'enhaut pour brusler ce membre qui aura forfaict. Mais le Ihouah interuient là dessus, qui auec son eau de misericorde esteint ce feu, apres que la partie delinquante aura esté purgée de ses macules. Et n'y a que luy seul, qui est l'Ange de paix, qui puisse faire la reconciliation de l'ame à Dieu, à quoy elle paruient par l'intercession de ce sacré nom. *Non est aliud nomen.* Tout cela met le Zohar, qui est assez Chrestiennement parlé pour vn Rabin, qui iamais ne fut baptisé.

CELA premis pour vn fondement de ce que nous dirons cy-apres; le texte Grec de sainct Marc porte, πᾶσα θυσία ἁλὶ ἁλισθήσεται; là où la version Latine que l'Eglise tient, pour θυσία a *victima*, comme à la verité ce mot Grec signifie toutes sortes de sacrifices, hosties, victimes, & ceremonies. Mais Porphyre liure 2. des sacrifices le particularise aux herbes qu'on offroit aux Dieux. Car du commencement on ne leur presentoit pas, ce dit-il, de l'encens, myrrhe, benjoin, storax, aloes, labdanum, & autres semblables gommes odorantes; ains tant seulement quelques herbes vertes, ainsi que certaines primices des germes que la terre produisoit; car les arbres furent procreez de la terre premier que les animaux, & la terre reuestuë d'herbes auant que produire les arbres. Au moyen dequoy eux cueillans certains pieds d'herbes toutes entieres, auec leurs fueilles & racines, & leurs semences, ils les brusloient, sacrifians l'odeur & fumée qui en procedoit, aux Dieux immortels: & de ceste exhalation qu'elles iettoient, que les Grecs appellent θυμίασις, le mot de θυσία seroit prouenu; parquoy on ne le refere pas proprement aux sacrifices sanguinolents: car par plus de huict vingts tant d'ans les Romains, de l'ordonnance de Numa, n'eurent

Moyse destina le mesme en Gen. 2.

aucunes images des Dieux; ny autres sacrifices que de farine auec du sel, qui estoient de là appellez ἀναίμακτα, c'est à dire sans sang. Iusqu'icy Porphyre.

Il a esté dit cy-deuant, que rien n'estoit plus commun, ny moins bien cogneu, que le feu: & autant en pouuons-nous dire du sel: pourquoy c'est que Moyse en a fait si grand cas, que de l'appliquer en tous sacrifices, l'appellant l'alliance perpetuelle de Dieu auec son peuple: de laquelle alliance, des Hebrieux dicte *berith*, s'en trouuent trois ou quatre marques dans l'Escriture: l'arc en ciel au 9. de Genese: la circoncision à Abraham au 17. & la paction du sel vniuerselle au 18. des Nombres: Plus la paction de la Loy receuë en Horeb, au Deuter. 5. *Dominus Deus noster pepigit nobiscum pactum in Horeb:* lequel a esté de tout temps en vne tres-singuliere & venerable recommandation enuers toutes sortes de gens: *Benedicitis mensas salinorum appositu*, dit Arnobius aux Gentils. Mais Tite-Liue au 26. *Vt salinum pateràmque deorum causa habeant.* Et Fabrice tres-vaillant Capitaine Romain, n'eut onques or ny argent qu'vne petite tasse, dont le pied estoit de corne, pour faire ses offrandes aux Dieux; & vne salliere pour s'en seruir en ses sacrifices: defendant, selon que met Pline liure 33. chap. 12. d'auoir autre argenterie que ces deux-là. C'estoit au reste vne marque & symbole d'amitié, que le sel; parquoy la premiere chose qu'on seruoit à des estrangers suruenans

uenans, estoit du sel, pour denoter la fermeté de leur amitié cõtractée. Et le grand Duc de Moschonie, selon que met Sigismundus Liber en son trait *de rebus Moschouiticis*, ne sçauroit faire vn plus gra... honneur à ceux qu'il veut fauoriser, que de leur enuoyer de son sel. Archiloque, comme l'allegue Origene contre Celsus, reproche entre autres choses à Lycambe d'auoir violé vn fort sainct & sacré mystere, de l'amitié conceuë entr'eux par le sel, & leur commune table. Et sur sainct Matthieu parlant de Iudas, Il n'a point eu, ce dit-il, de respect ny de souuenance de nostre commune table, ny du sel ny du pain que nous auons mangé ensemble. Et Lycophron au poeme de l'Alexandre appelle le sel ἁγνίτης, purificatif & lustratif, faisant allusion à cecy d'Euripide, Θάλασσα κλύζει πάντα τἀνθρώπων κακά, *Que la mer laue tous les maux des hommes*: parce que la mer, que les Pythagoriciens, à cause de son amertume & salsuginosité, appelloient la larme de Saturne, & vn cinquiéme element; n'est autre chose que du sel dissous dans de l'eau. Et certes c'est vne chose fort admirable, de la grande quantité qui est du sel; attendu que nous tenons pour vne infallible maxime, que Dieu & la nature ne font rien en vain: Car outre ce qui s'en trouue dedans la terre, partie en liqueur, qu'on fait descuire, partie en glaçons, comme à Halle de Saxe, & à Berrhe en Prouence; partie en roche dure, comme en Teplaga, terre des Negres, où on l'apporte de plus de deux cens lieuës loing sur leurs testes, & la transportent de main en main par relais iusques au Royaume de Tõbur, seruant de monnoye qui a cours par tous ces quartiers; comme on fait aussi en la prouince de Caindu en la Tartarie Orientale selon Marc Pole liu. 2. cha. 38. & aussi que s'ils n'en auoient à tous propos en la bouche, leurs genciues se pourriroient, à cause des ardeurs extremes qui y regnent, accompagnées de certaines humiditez marescageuses corrompantes, pour raison dequoy ils ont besoin de la tenir continuellement arrousée d'vne chose qui empesche la putrefaction. I'ay esprouué par plusieurs fois fort exactement, que de l'eau marine il se tire pres de la moitié de sel, faisant euaporer doucement l'eau douce qui y est meslée. Quelle quantité donc enorme de sel resteroit-il, si la substance douce de la mer en estoit extraite? Il n'y a sablons & deserts de quelque longue estenduë qu'ils puissent estre, qui s'y sceussent accomparer, non pas à la deux-milliéme partie; car beaucoup de gens veulent égaller, voire preferer en quantité & grandeur la mer à la terre. Il ne nous faut trop icy arrester à beaucoup de particularitez que touche du sel Pline liure 35. chap. 7. la plusgrand part ne dependant que d'vn ouïr dire; car toutes ne tendent qu'à monstrer qu'il y a en premier lieu deux sortes de sels, comme c'est la verité; le naturel & artificiel. Le naturel croist en glaçons, ou en roche à par soy dans la terre, comme nous auons dit cy-dessus; l'artificiel se fait de l'eau de la mer, ou de la liqueur, comme vne saumeure qui se tire des puits salins, ainsi qu'en Lorraine, & la Franche-comté de Bourgongne, qu'on fait décuire & congeler sur le feu. Il en apporte tout plein d'exemples, & mesmement de ceux qui sont les plus difficiles à croire: la foy en soit par deuers le discur: & entre autres de certain lac du Tarentin en la Poüille, point plus profond que de la hauteur des genoüils, dont l'eau en Esté par la chaleur du soleil se conuertist toute en sel. Et en la prouince de Babylone croist certain bitume liquide, vn peu espois, dont ils vsent en leurs lampes en lieu d'huille. Ceste substance inflammable en estant despoüillée, reste du sel qui estoit caché là dessoubs: comme de fait nous le voyons par experience, que de toute chose qu'on brusle s'en peut extraire du sel; mais il ne se reuele point, que ce qui y est d'aquosité & d'onctuosité inflammable n'en ait esté exterminé par le feu: cela fait, le sel reste és cendres: & ce sel-là, dit Gebert en son testament, retient tousiours la nature & proprieté de la chose dont il est extrait, si cela se fait en vn vaisseau clos, & que les esprits ne s'en euaporent point; car il resteroit ce que l'Euangile appelle *sal infatuatum*, comme nous dirons cy-apres.

Le meilleur sel au reste qui soit point, & le plus sain, est celuy qui se fait de l'eau de la mer en Broüage. Et à l'exemple d'iceluy il faut que le terroüer par tout où se fait le sel d'eau marine, soit argilleux & gluant, comme la terre à potier, & celle dont se font les thuilles. Il faut courroyer outre-plus par artifice ce terrain, de peur qu'il ne succe & en boiue l'eau qu'on y attirera; ce qui se fait en le battant auec vn grand nombre de cheuaux, asnes & mullets attachez les vns aux autres, qu'on y promeine, tant qu'il soit bien ferme & solide, ainsi que quelque aire de grange à battre le bled. Cela fait, & apres auoir creusé les canaux, pour y mettre l'eau, dont il faut que ces salins soient aucunement plus bas que la mer, (Pline liure second chapitre 106. met que le sel ne se peut faire sans de l'eau douce) on dresse en premier lieu vn grand receptacle où s'attire l'eau, lequel est nommé le Iard; & au bout d'iceluy vne escluse, par laquelle, y ayant esté appliquée au bas vne hanche auec son bondon, dit l'amezau, on fait couller l'eau du iard en des parquets qu'on nomme couches: & de ces couches, y donnant la pente requise, par d'autres bondons, deux en nombre, appellez les pertuis des poësles, qui y sont enchassez dans d'autres parquets dits entablemens, virefons, & moyens, pour faire tourne-virer l'eau par diuers destours & canaux, à guise presque d'vn labyrinthe; si qu'elle fait vn grand chemin, auant que de se venir à la fin rendre dedans les parquets & carreaux où le sel se doit congeler; tousiours se diminuant la quantité de l'eau, afin que les raiz du foleil y puiſſent auoir plus d'action, & qu'elle en ſoit mieux eſchauffée, auant que d'entrer dans les aires où ſe fait la finale congelation. Mais pour paruenir à cela par certains degrez & meſures proportionnées, il y a par tout des palles qu'on haulſe & baiſſe ainſi que celles d'vn moulin. Toute la terre au reſte qu'on tire en creuſant ces parquets & aires, on l'arrenge autour d'icelles, comme vne chauſſée ou rempar, qui eſt appellé le boſſis, de largeur conuenable pour paſſer deux cheuaux de front; lequel ſert tant à retenir l'eau, qu'à mettre deſſus les monceaux de ſel fait & congelé, dits les vaches; & à aller & venir, comme ſur vne digue, ou chauſſée de maretz à autre, pour l'enleuer, & porter ſur les beſtes de ſome dans les vaiſſeaux qui l'attendent là aupres en la rade. En hyuer ils les couurent de ioncs, leſquels ſe vendent puis apres fort bien pour l'vtilité qui ſ'en tire; & ce de peur des pluyes & neges, & autres humiditez de l'air, qui le deſtremperoient de nouueau. Et ſont toutes ces leuées ſi obliques & tournoyantes, que pour vne lieuë en trauers de droit chemin, il en faut faire ſept ou huict; de ſorte que ſ'y eſtant enfourné bien auant on ſ'y pourroit perdre qui ne cognoiſtroit les addreſſes, ou n'auroit quelque bonne guide, à cauſe des détours & des ponts qu'il faut ſçauoir aller choiſir pour paſſer d'vn lieu à autre: & ſeroit bien mal-aiſé d'en faire vne charte & deſcription, principalement en hyuer que tout est presque couuert d'eau; & encore plus d'y entrer à main armée. Pour la conseruation de ces marez salins, tous les ans apres que les chaleurs sont passées; le sel ne se pouuant faire que durant les mois de May, Iuin, Iuillet, & Aoust; les saulniers ont accoustumé d'ouurir certaines bondes, pour y laisser entrer l'eau de la mer, tant que toutes les formes & parquets soient couuerts; autrement les gelées les dissiperoient. Que si durant que le sel se glace & se cresme il suruient quelque forte plüye, c'est autant de retardement, & de quinze iours pour le moins; parce qu'il faut vuider toute l'eau des parquets que la pluye auroit alterez; & pourtant és années froides & pluuieuses malaisément en peut-on faire.

Ie me viens en cet endroit souuenir d'vn experiment que i'ay fait plus que d'vne fois, lequel donneroit bien à penser, fust-ce à Aristote. Ie pris huict ou dix liures de gros sel commun, que ie fis dissoul-dre dans de l'eau chaulde, escumant les ordures qui y pouuoient estre: & l'ayant bien laissée rasseoir, versay le clair par inclination dans vn chaulderon sur le feu; où ie fis euaporer toute l'eau, tant que le sel me resta au fonds blanc comme nege: puis acheuay de le dessecher dans vn pot; luy donnant à la fin vne bonne estrette de feu par quatre ou cinq heures. Refroidy qu'il fut, ie le departis en plusieurs escuelles de Beauuais, pour abreger & gaigner temps au serein sur vne fenestre où le soleil ne donnoit point, & auois choisi vn temps humide pour plus faciliter la dissolution, recueillant tous les matins ce qui s'en estoit resoult en eau, tant que au bout de sept ou huict iours tout le sel acheua de se dissoudre; n'en restant que ie ne sçay quelle crasse ou limon, en bien petite quantité, que ie mis à part. Toutes mes dissolutions ie les mis en des cornuës, & distillay toute l'eau qui peut monter, laquelle estoit douçe, car la salsuginosité ne monte point, ains demeure fixe au fonds du vaisseau; & donnay sur la fin vne autre bonne estrette de feu auec des bastons de cotteret. Ayant rompu les cornues, ie mis le sel qui y estoit demeuré congelé, à dissouldre à l'humide comme deuant, tant qu'il n'en resta que de la crasse & limon comme au precedent. Ie distillay ce qui peut monter d'eau, & reïteray tous ces regimes, tant que tout mon sel en fust resoult & distillé en eau douce: ce qui vint à la sept ou huictiesme fois. Les limons ie les lauay fort bien auec l'eau, pour en extraire ce qui y pouuoit estre resté de saleure; & si les recalcinay & lauay, tant qu'il n'en resta qu'vn limon ou terre pure sans aucun goust. De ce peu de sel que i'en auois extrait, i'en fis comme i'auois fait des autres; si que tout mon sel, sans rien perdre de sa substance, s'en alla en eau douce, & en ce limon insensible, qui ne reuint qu'à vne ou deux onces. Que seroit donques deuenue ceste salsature du sel? Certes i'y perds mon latin; & ne sçay que dire là dessus: mais tant est qu'il

en va ainsi à la verité que ie dis. Si quelqu'vn me vouloit desnoüer ce poinct, certes il me feroit plaisir. Ie le lairray donc demesler aux autres pour venir aux particulieres loüanges du sel, sans lequel, dit le mesme Pline, on ne sçauroit viure ciuilement. Toute la grace & gentillesse, l'ornement, plaisirs & delices de la vie humaine, ne se sçauroient mieux exprimer que par ce vocable; lequel s'estend aussi aux voluptez de l'ame, la douceur & tranquillité de la vie; & à vne souueraine resioüissance & repos de toutes fatigues & trauaux. Il renouuelle les
Salacitas. aiguillonnemens & desirs amoureux d'engendrer son semblable; & a obtenu ceste honorable quali-
Salarium. té de salaire des gens de guerre; & des plaisans mots
Sales. facetieux, & ioyeuses rencontres, sans blesser personne, dont il auroit esté appellé les Graces; dont sainct Paul aux Coloss. 4. *Vostre parole soit tousiours confite en sel auec grace:* Et en fin est tout l'assaisonnement de nos viandes, qui sans cela demeureroient fades & insipides. Si qu'à bon droit auroit-on dit en commun prouerbe, *Sale & sole nihil vtilius*; qu'il n'y a rien plus vtile & necessaire que sont le soleil, & le sel: Ainsi en discourt Pline au lieu allegué. Et Plutarque liure & question 4. des Symposiaques; *Sans le sel rien ne se peut manger d'agreable au goust; car le pain mesme en est plus sauoureux si on y en mesle; parquoy lon accouple ordinairement és temples & lectisternes Neptune auec Cerés; car les choses sallées sont comme vn allechement & aiguillon excitant l'appetit;* Si

que

que deuant toute autre nourriture on prend celle qui eſt aigue & ſallée ; là où ſi on commençoit par les autres, il ſe prosterneroit incontinent. *Ce qui n'a point de ſaueur, ſe pourroit-il manger ſans ſel?* dit Iob, 6. chap. Le ſel auſſi rend le boire plus delicieux, & eſt d'infinis autres vſages & commoditez à la vie qui tient plus de l'homme, là où la priuation d'iceluy la rend brutale. C'eſt au reſte vne marque & ſymbole d'equité & iuſtice ; à cauſe qu'il garde & conſerue ce où il ſ'introduit & attache. D'amitié auſſi & de gratitude, ſuyuant ce qui eſt dit au premier d'Eſdras, chap. 4. où les Lieutenans du Roy Artaxerxes luy eſcriuent en ceſte ſorte ; *Nous reſouuenans du ſel que nous mangeons en ton Palais, nous ne voulons faillir de t'aduertir fidellement de ce qui vient à noſtre cognoiſſance, concernant le ſeruice de ta haulteſſe.* Eſtant le ſel là mis pour vne des plus grandes obligations qu'on puiſſe auoir, parce que c'eſt vne choſe pure, nette, & ſaincte & ſacrée, qu'on appoſe la premiere deſſus la table : Si qu'Æſchines en ſon oraiſon de la mal-adminiſtrée ambaſſade, fait grand cas du ſel & table publique d'vne ville confederée auec vne autre : Et de fait, y a-il rien de plus permanent & plus fixe au feu, ny de plus approchant de ſa nature ? parce qu'il eſt mordicant, acre, aceteux, inciſif, ſubtil, penetratif, pur & net, fragrant, incombuſtible, & incorruptible ; voire ce qui preſerue toutes choſes de corruption : & par ſes preparations ſe rend clair, cryſtallin & tranſparent comme l'air ;

car le verre n'est autre chose qu'vn sel tres-fixe, qui se peut extraire de toutes sortes de cendres, des vnes plus prochainement que des autres; mais il n'est pas dissoluble à l'humide comme le sel commun, ny celuy qui s'extrait des cendres par vne forme de lexiue, qui est liquable auec cela, és fortes expressions de feu: qui sont neantmoins deux cõtraires resolutions, & repugnãtes l'vne à l'autre: principe en apres de toute humidité liquable, onctueuse, mais inconsumptible. Il est outre-plus la premiere origine, tant des metaux que des pierres & pierreries, voire de tous les autres mineraux; des vegetaux pareillement, & des animaux, dont le sang, l'humeur vrinalle, & toute autre substance est sallée pour la preseruer de putrefaction: & en general, de tous les mixtes & cõposez elementaires. Ce qui se verifie de ce qu'ils se resoluét en luy; si qu'il est comme l'autre vie de toutes choses; & sans luy, ce dit le Philosophe Morien, la nature ne peut rien ouurer nulle part; ny chose aucune estre engendrée, selon Raymond Lulle en son testamét. A quoy tous les philosophes Chymiques adherent, que rien n'a esté creé icy bas en la partie elemétaire de meilleur ny plus precieux que le sel. Il y a donc du sel en toutes choses; & rien ne pourroit subsister, si ce n'estoit le sel qui y est meslé; lequel lie les parties ensemble comme vne colle; autrement elles s'en iroient toutes en menuë pouldre: & leur donne nourrissement. Car au sel y a deux substances, l'vne visqueuse, gluante & onctueuse de nature d'air,qui est douce: & de fait,il n'y a rien qui nourrisse que le doux ; l'amer & le sallé, non. L'autre est aduste, acre, pungitiue, & mordicante,de nature de feu,qui est laxatiue ; car tous sels sont laxatifs ; & rien ne lasche qui ne participe de nature de sel. Voila pourquoy c'est que ceux qui boiuent de l'eau marine, meurent bien tost de dysenteries ; le sel qui y est meslé leur faisant vne erosion és boyaux ; car il n'y a rien de corrosif qui ne soit sel, ou de nature de sel; ignée de soy, ce dit Pline, liure 31. chapitre 9. & neantmoins ennemi du feu actuel; car il y trepigne, tressault, & petille : corrodant au reste tout où il s'attache, & le dessechant; combien que ce soit la plus forte & permanente humidité de toutes autres ; *& est humiditas*, dit Geber, *quæ super omnes alias humiditates expectat ignis pugnam* ; ainsi qu'on peut voir és metaux qui ne sont autre chose que sels congelez & décuits par vne longue & successiue decoction dans les entrailles de la terre : où leur humidité s'est d'abondant fixée par la temperée chaleur qui s'y retrouue. Et ces sels-là participent de nature de soulphre & argent-vif; lesquels ioints ensemble font vn troisiesme, le sel à sçauoir metallique, qui a la mesme fusion & resolution que le sel commun : lequel est pris pour vn symbole de l'equité & iustice, comme aussi sont les metaux, bien que par vne autre consideration: car fondez de l'or, argent, cuyure, & autres metaux ensemble, ils se meslent tous également ; de façon que si sur cent parts d'argent, voire deux cens, vous en fondez vne d'or, la moindre partie de cest argent, en quelque endroit que vous la vueillez prendre de la masse totalle, aura endroit soy pris sa iuste & égalle portion de l'or, & non plus ny moins: parquoy ils sont pris pour la iustice distributiue. Mais le sel, c'est pource que par tout où il s'attache, chair, poisson, vegetaux, il les garde de se corrompre, & les conserue en leur entier, & les fait durer par de longues suittes de siecles; au contraire du feu, qui est vn fort mauuais hoste; car il brigande & extermine tout ce qui le loge chez soy, ne cessant qu'il ne l'ayt conuerty en cendres; dont s'extrait le sel qui y estoit auparauant contenu. Si qu'ils s'accordent & conuiennent eux deux, feu & sel, & auec les ferments aussi, en ce qu'ils conuertissent tout ce surquoy ils peuuent exercer leur action. Plutarque liure & question 4. des Symposiaques, extollant le sel, met que toute chair ou poisson qu'on mange, est chose morte, & procedée d'vn corps mort: mais quand la faculté du sel s'y vient introduire, c'est comme vne ame qui les reuiuifie, & leur donne grace & faueur: Et au cinquiesme liure, question dixiesme, rendant raison pourquoy Homere appelle le sel diuin; il met que le sel est comme vn temperament & fortification de la viande dedans le corps, & qui luy donne vne conuenãce auec l'appetit. Mais c'est plustost pour la vertu qu'il a de preseruer de putrefaction les corps morts, qui est comme resister à la mort, ce qui appartient à la diuinité; (*Non dabis sanctum tuum videre corruptionem*) ne permettant pas que ce qui est priué de vie, perisse si tost de tous poincts; ains tout ainsi que l'ame, la diuine partie qui est en nous, maintient le corps en vie (*anima data est porcus pro salute*, ce met Pline apres les Stoïciens) de mesme le sel prend ainsi qu'en sa sauuegarde vne chair morte pour la garentir de putrefaction; dont le feu des foudres est reputé pour estre diuin, à cause que ceux qui en sont touchez demeurent longuement sans se corrompre, comme fait de sa part le sel qui a ceste proprieté & vertu. Ce qui monstre la grande conuenance & affinité qu'ils ont ensemble; parquoy Euenus souloit dire, que le feu estoit la meilleure saulce du monde: ce qui est de mesme attribué aussi au sel. Toutes lesquelles choses cy-dessus confirment l'occasion pour laquelle Moyse, & apres luy Pythagore, auroient faict si grand cas du sel, pour couurir dessous son allegorie ce qu'ils vouloient donner à entendre par luy, que nos ames & consciences, denotées par l'homme en sainct Marc; l'homme à sçauoir interieur; & nos corps par la victime, doibuent estre offerts purs, non soüillez & sans corruption, à Dieu; *Vt exhibeatis corpora vestra hostiam viuentem, sanctam, Deo placentem, &c.* Il y auroit peut-estre vne autre raison qui auroit meu Moyse à exalter si fort le sel; que selon que le deduit bien au long Rabi Moyse Egyptien au 3. liure de son *Moré*, chap. 47. où il Rom.12.

rend particuliere raison de la plus part des cerimonies Mosaïques, son principal but estoit de renuerser toutes idolatries, mesmes celles des Egyptiẽs où elles auoient la plus grande vogue qu'en nulle autre part; luy voyant que leurs Prestres detestoient si fort le sel qu'ils n'en vsoient en sorte quelconque à cause de la mer dont il procedoit, en l'amertume de laquelle s'alloit perdre & saller la douce substance du Nil, qu'ils tenoient estre pour l'humeur radicale dont germent & se nourrissent toutes choses icy bas; en despit d'eux, & au contraire de leurs traditions, il en voulut faire vne forme d'alliance & paction de Dieu auec le peuple Iudaique, que toutes leurs oblations seroient accompagnées de sel. Et au 2. du Paralip. chap. 13. il est dit, que Dieu donna à Dauid & à ses enfans le Royaume Israëlitique par vne alliance de sel, c'est à dire tres-ferme & indissoluble; pource que le sel empesche la corruption. Et pourtant le SAVVEVR esleut ses Apostres pour estre comme vn sel des hommes, à sçauoir pour leur annoncer la pure & incorruptible doctrine de l'Euangile, & les confirmer en vne ferme persistante foy, tant par paroles que par faicts. Les Caballistes penetrans plus auant en quelques mysteres enclos là dedans, meditent certaines subtilitez par vne reigle de la Ghematrie ditte *ghilcal*, qui consiste és equiualences des nombres, que les Hebrieux assignent aux lettres. Celles de ce mot מלח *malach*, qui signifie sel, montent en leur supputation 78. car *mem* vaut 40. *lamed* 30. & *beth* 8. Or diuisez de telle sorte que vous voudrez ces 78. tousiours en resultera quelque nombre representant vn mystere des noms diuins. Pour exemple, la moitié qui sont 39. montent autant que les lettres de וזוכ *chuzu*, le fourreau ou reuestement du grand nom; car *caph* vaut 20. *vau* 6. *zain* 7. & l'autre *vau* 6. Si en trois parties, chacune montera 26. qui est le nombre du tetragrammaton הוהי Ihouah, *vau* vallant 10. *he* 5. *vau* 6. & *he* 5. En six parties, ce seront 13. pour chacune, qui equipollent à la numeration de pieté. En treize ce seront six que vaut le *vau*, lettre representant la vie eternelle: outre que le six est le premier nombre parfaict, parce que ses parties le constituent, sa sixiéme à sçauoir vn; sa tierce, deux; & sa moitié trois; laquelle perfection n'a pas vn des autres nombres: & en six iours fut parfaicte la structure de l'vniuers. Il y en a autres plusieurs mysteres en l'Escriture. En XXVI. ce sera le nombre de la tres-saincte & sacrée TRINITÉ, car trois fois XXVI. font LXXVIII. En XXXIX. deux, que vaut le *beth*, symbole du Verbe ou seconde personne, & la maison des Idées de l'Archetype, que Platon a fort bien cogneuës, Aristote non. Et finablement les 78. denotent autant d'vnitez, dont chacune represente l'vnité de l'essence d'vn seul Dieu. Tout de mesme est-il du mot םחל *lechem* pain, qui est vn anagramme du precedent, & consiste des mesmes lettres: parquoy non sans cause porte le prouerbe, Manger du sel auec ſon pain. Rabi Selomo ſur les lieux deſſuſdits de l'alliance de Dieu auec ſon peuple, deſignée par le ſel, par où s'entend le pact eternel du grand ſacerdoce du MESSIHE, nous apporte vne forme d'allegorie aſſez eſtrange & fantaſtique: Que les eaux d'icy bas en la terre ſe mutinerent, qu'on les euſt ainſi ſeparées des ſupraceleſtes, ayant eſté le firmament mis entre deux: au moyen dequoy Dieu pour les appaiſer, leur promit de faire qu'elles ſeroient perpetuellement employées à ſon ſeruice en toutes les offrandes, ſacrifices, comme il fit depuis

Leuit. 2. en la loy qu'il donna aux Iuifs: *Quidquid obtuleris ſacris, ſale condies.*

IL y a au reſte diuerſes ſortes de ſels, qui ont differentes proprietez & vertus, ſelon les choſes dõt ils ſont extraits: *Sal enim retinet proprietatem illius rei à qua ortum eſt*, dit Geber en ſon teſtament: voire autant qu'il a d'odeurs & ſaueurs, qui toutes dependent du ſel: car là où il n'y a point de ſel, il n'y a point auſſi d'odeur ne ſaueur. Et neantmoins de toutes les ſaueurs, que Plutarque és cauſes naturelles limite à huict; Pline liure 15. chap. 27. les eſtend à treize; il n'y en a pas vne qui ſoit ſallée; parce que la ſaueur, comme veut Platon, vient de l'eau, qui coulle à trauers la tige de quelque plante, & laiſſe ſa ſaleure qui ne peut paſſer, comme plus groſſiere qu'elle eſt, & terreſtre, ainſi qu'on voit en l'eau de la mer quand on la diſtille, ou qu'on la paſſe à trauers du ſable, où elle laiſſe ſa ſalſature. Mais on pourroit

pourroit dire à Platon que la saueur ne gist pas seulement és plantes, ains aussi bien és animaux & mineraux,& tous autres composez elementaires. C'est que luy & Aristote, & autres ratiocinatifs Philosophes,se sont seulement arrestez à ce que leurs argumens & discours leur en imprimoient en la fantasie, estimans qu'il ne peust estre autrement que ce que leurs raisonnemens leur en demonstroient, la plus part faux & erronées: là où s'ils y eussent voulu penetrer empiriquement par des experiments qui leur eussent monstré au doigt & à l'œil la verité de la chose, ils en eussent peu estre mieux acertenez, comme ont fait depuis les Arabes, & les Philosophes Chymiques, qui ne se sont voulus asseurer de rien, que de ce qu'ils ont veu par plusieurs fois sans varier au sentiment. C'est vne maxime receuë pour infallible de tous les Naturalistes, que la transparẽce vient de quand l'eau en la composition & meslange surabõde à la terre;& l'opacité au contraire, quãd la terrestreité predomine l'eau:& seroit vn crime de leze majesté irremissible d'en douter; car qui est-ce qui doute, ce diront-ils, qu'il ne soit ainsi? Moy,repliquerai-ie,à qui l'experiẽce monstre tout le rebours, au moins que la cause de la transparence & opacité ne prouient pas de celle qu'ils alleguent. Prenez du crystal, & passez-le vn tant soit peu sur des cendres chaudes, autant qu'on mettroit à faire rostir vn marron : vous le trouuerez tout opaque, sans plus de transparence dedans ny dehors en la superfice ; & ce sans aucune deperdition de sa substance, ny diminution de son poids. Et à l'opposite en vne forte expression de feu, soufflant dessus le plomb, dont rien ne peut estre de plus opaque, se conuertira en vne forme de hyacinthe si transparente qu'on pourroit lire vne menuë lettre à trauers, ores qu'elle eust vn pouce d'espoisseur : & ceste hyacinthe par le mesme feu retourne derechef en plomb, & le plomb en hyacinthe. Si donques ces profonds contemplateurs de la nature & de ses effects, eussent voulu accompagner leurs discours imaginatifs, de l'experience qui reuele infinis secrets par le feu, ils ne fussent pas tombez en de telles absurditez ; & eussent manifestement apperceu sans aucun voile ny obstacle tout plein de choses dont ils sont demeurez en irresolution & en doute, n'en ayans parlé que comme à-ueuglettes & à tastons. Car nous ne pouuons pas descouurir les secrets des choses par y proceder directement, ne y paruenir en y entrant, à maniere de parler, par la porte de deuant ; car la nature va en ses ouurages ratierement & à cachettes ; ains par la porte de derriere, ou l'eschellant par les fenestres ; les Grecs appellent cela διάλυσις : *Compositionem etenim rei aliquis scire non poterit*, dit fort bien Geber, *qui destructionem illius ignorauerit*. Et cela se fait par le feu, lequel separe les parties, comme il a esté dit cy-deuant. Il y a donques deux diuerses substances au sel, par quoy il cause diuers effects ; l'vne douce

& glutineuse, inflammable, de nature d'air, nourrissante, liante; l'autre, acre, mordicante, & separatiue, qui n'engendre rien. Les Poëtes en leurs mythologies ont appellé ceste-cy Ocean; & la douce, dont la saulmeure de la mer est destrempée, & renduë liquide, Tethys, comme met Plutarque au traicté d'Osiris, laquelle alaicte & nourrist toutes choses. Mais l'eau simple ne seroit pas suffisante elle seule pour nourrir, si elle n'estoit assistée, és choses qui sont attachées à la terre, du sel qui y est enclos & meslé parmy, ayant vne douce onctuosité glutineuse. Car tout ainsi qu'en l'eau de la mer il y a deux substances, la douce & sallée; il y en a subalternatiuement deux au sel. Mais on pourroit dire qu'il ne nourrist pas, ny ne produit rien: c'est pourquoy on a accoustumé de raser les maisons des traistres, & les semer de sel, comme si on les reputoit indignes de rien plus produire. Le sel de vray ne produit rien ainsi qu'il est; ou sa substance douce est tellement enfoncée dans la sallée, qu'elle ne se peut expliquer en action, ainsi qu'il est, si d'auenture elle n'en est desprisonnée; car la salsature la predomine & la couure. Mais on pourra repliquer à ce qui a esté dit cy-dessus, que l'eau douce seule ne nourrist ny ne produit rien: qu'on voit du contraire par experience en plusieurs herbes aquatiques, qui croissent au milieu des eaux, & en des cailloux, qu'elle engendre des coquilles, des poissons mesmes, & des vers: Somme que sa procreation s'estend és trois genres des composez, mineraux, vegetaux, animaux. Et de fait, mettez de petits cailloux dans quelque phiolle, & de l'eau dessus, la renouuellant tous les iours; au bout de quelque temps vous les trouuerez tellement engrossis & accreuz, qu'ils ne pourront plus sortir par le goullet où ils estoient entrez. Mais à la verité tout cela prouient du limon qui est meslé parmy l'eau; comme les grenouilles & autres choses qui se procréent en la moyenne region de l'air, du limon que les raiz du soleil y ont enleué auec l'eau; car toutes pluyes, neiges, & autres telles impressions participent beaucoup de limon. De là vient que la neige fume & engraisse les terres; & que l'eau de pluye est plus connaturelle aux arbres, herbes & semences, mesmement celles qui tombent auec orages & tonnerres, que celles des puits & des riuieres. Dequoy s'efforce Plutarque d'amener tout plein de raisons és causes naturelles, qui n'ont pas beaucoup d'apparence. Plus en y auroit, de dire que c'est pource qu'elles sont là mieux déquites & accompagnées d'vn plus subtil & chaud limon, & sont de plus legere concoction & nourrissement pour les plantes; tout ainsi que des viandes en l'estomac des animaux, les vnes plus que les autres: là où les eaux d'icy bas sont plus cruës & indigestes. Nous insistons vn peu à l'eau, pource que le sel n'est autre chose qu'eau meslée & liée auec vne terre arse & bruslée, de nature de feu, qui la rend amere & sallée. Si qu'auant que sortir hors de ce propos de l'eau douce, nous en toucherons icy vn experiment des plus rares, & dont procedent plusieurs belles considerations secrettes. L'eau douce est vn corps si homogenée, qu'il sembleroit à la voir ainsi claire, transparente, & liquide, en toutes ses parties ressemblant à soy-mesme, qu'il n'y eust qu'vne seule substance, attendu mesme que par les distillations elle passe toute; mais il s'y en trouue bien vne autre solide & compacte en forme de terre, meslée parmy son homogenéité liquide, dont elle se separe par artifice. Et c'est ce que veut dire Aristote en la Turbe des Philosophes: *Ex grossitie aquæ terra concreatur*. Et cela se peut voir d'vne eau agitée & battuë, puis redistillée par plusieurs fois, separant tousiours la cinq ou sixiesme partie qui passera la premiere. Il vous faut donc prendre bonne quantité d'eau de puits, de fontaine, ou riuiere, & de pluye mesme; & la laisser rasseoir par vingt ou trente heures, afin que s'il y a quelque ordure ou limon, il s'en separe. Prenez de ceste eau, comme vous pourrez dire, quarante pintes; & faites-en euaporer la moitié à feu fort leger qu'elle ne bouille; mettez ces vingt pintes à part; & en prenez de nouuelle eau comme dessus, dont vous en ferez euaporer la moitié. Et continuez tant que vous en ayez bien cent pintes d'à demy euaporée. De ces cent, faictes-en euaporer trente pintes; & des soixante dix, vingt; des cinquante qui resteront, vingt; des trente, dix; & des vingt, dix: & iettez tous les limons qui resideront, car ils ne vallent rien, & ne sont qu'immondicité & ordure, iusques à la sept ou huictiesme euaporation ou distillation, apres laquelle en vostre eau se manifesteront infinis petits atomes & corpuscules, qui en fin peu à peu se congeleront en vne substance solide de couleur grisastre, deliée comme farine; de laquelle i'ay veu de si admirables effects, qu'à peine le sçauroit-on croire, en des chancres, gangrenes, hemorrhagies, flux de sang, en des femmes nouuellement accouchées, & par le nez; maladies d'estomac, & infinis autres tels accidens, que nulle terre sigillée, ny bol armene ne s'y sçauroient accomparer. Il s'en peut faire des trochisques, l'empastant auec les dernieres eaux qui en auront esté extraites, qui sont aussi de grande vertu à lauer des playes, maladies inueterées d'estomac, & autres semblables; parquoy il les faut bien garder. Vous la pourrez aussi calciner par six ou sept heures dans vn petit pot bien lutté, & iettant dessus du vinaigre distillé, bouillant, en dissoudre vne partie, nourrissant le reste. Calcinez-le derechef, & dissoluez tant que vous ayez tout le sel qui sera blanc & de goust suaue: faictes-le dissoudre à l'huille: vous en tirerez bien de grands effects, mesmes sur l'or. Mais l'eau de la mer est encore de plus d'efficace que celles des puits & riuieres; l'eau douce, dy-ie, qui aura esté separée de la sallée par distillation. Ce qui seroit fort aisé à faire pres de la mer, ayant à ceste fin quatre ou cinq alembics de terre plombée ; & plus encore de l'eau douce qui se tire par distillation du sel resouls en liqueur à l'humide.

Mais il y a bien vne autre maniere de proceder en la separation des substances de l'eau commune, & plus spirituelles que la precedente. Prenez de l'eau bien nette de puits, de riuiere ou fontainé ; laissez-la rassecoir par vingt quatre heures, & prenez-en le pur & le clair, que vous mettrez en des vaisseaux de terre de Beauuais bien bouchez à putrefier dans le fiens chauld, par quarante iours, le renouuellant deux ou trois fois toutes les sepmaines : filtrez l'eau ; & donnez-luy cinq ou six bouillons seulement, en l'escumant auec vne plume des ordures qui s'esleueroient au dessus : Puis la mettez en des cornuës de verre, n'y en mettant que la tierce partie, ou la moitié au plus, de ce qu'elles pourroient contenir ; & distillez-en des deux parts les trois : puis changez de recipient, & acheuez de distiller toute l'eau, mais à petit feu. Alors renforcez le feu peu à peu, tant que vous voyïez monter des fumées blanches ; continuez ce degré de feu sans l'accroistre iusqu'à ce qu'il ne monte plus rien : laissez esteindre à par soy le feu, & refroidir le vaisseau ; puis cueillez ce sel qui se sera ainsi esleué vers le bec de la cornuë & dedans le recipient, & le gardez en vaisseau de verre bien clos & seellé, en lieu chaud & sec, afin qu'il ne se surfonde & dissolue. Remettez la cornue auec ce qui sera resté au fonds ;

& renforcez le feu tant que vous verrez monter vne huille rougeastre; acheuez-la de distiller: puis cessez le feu. Prenez les feces noires qui seront restées au fonds; broyez-les, & mettez-en vn sublimatoire de bonne terre, à l'espoisseur d'vn pouce, & non plus: par six heures premierement petit feu; puis renforcez-le par douze autres, tant que le sublimatoire soit rouge, le feu estant tousiours en vn mesme degré. Laissez refroidir & cueillez le sel qui sera monté, & le gardez comme le precedent. C'est le second sel armoniac volatil qui s'extrait de l'eau; & sont l'vn & l'autre de grande vertu à la dissolution de l'or, ne portans aucun danger auec eux, comme pourroit faire leur sel armoniac vulgaire, qui a en soy de fort mauuaises qualitez; là où cestuicy est extrait d'vne substance si familiere au corps humain, qui est l'eau douce. Maintenant prenez toutes les feces & residences qui seront demeurées au fonds du vaisseau; broyez les, & les faites dissoudre dans la premiere eau que vous en aurez distillée, apres l'auoir fait vn peu chauffer, afin qu'elle dissolue le sel qui y peut estre. Laissez-les reposer, puis euacuez, & mettez à distiller la moitié de l'eau. Changez lors de recipient, & à vn peu plus fort feu distillez le surplus de l'eau: & gardez-les chacune à part en lieu froid. Mais n'acheuez pas de congeler du tout le sel au fonds du vaisseau; ains y laissez quelque peu d'humidité pour créer des glaçons. S'il n'est assez blanc, faites-le calciner par trois

trois ou quatre heures en vn pot de terre non plombé; puis le dissoluez en la seconde eau: filtrez & congelez, & le gardez en lieu sec, car c'est le sel fixe & fusible. Si en tirant le premier sel armoniac volatil, l'huille qui est orde & ne vaut rien, montoit auec, faudroit mettre sel & huille en nouuelle eau, & depurer & putrefier comme deuant; qui seroit à recommencer; parquoy il y faut aller sagement en besongne. Il y a vne autre maniere d'y proceder, qui est plus courte: *Nam plures sunt viæ ad vnum intentum, & vnum finem*, dit Geber. Prenez de l'eau de pluye, ou de fontaine: mettez-en en vne cornuë sur le sable à feu fort lent, & distillez-en la quatriesme partie, qui est la plus cruë & subtile. Continuez puis apres la distillation iusqu'aux feces que vous ietterez. Et faites que vous ayez bonne quantité de ceste moyenne substance, dont vous reïtererez la distillation par sept fois, estant tousiours la 4. partie qui sortira la premiere, qui est le phlegme, & les feces sont le limon. A la quatriesme, vous commencerez à voir des sulphureïtez de toutes couleurs en forme de tayes & paillettes. Les sept distillations paracheuées, mettez vostre moyenne substance en vn alembic à feu de bain fort leger, & tirez ce qui pourra monter; qui sera encore du phlegme. Puis vous verrez créer de petits lapilles, & paillettes de toutes couleurs, qui iront au fonds. Cessez la distillation, & laissez rasseoir: puis euacuez ce qui sera resté de l'eau doucement; &

faites ainsi de toute vostre moyenne substance, & faites créer dans le bain ces lapilles. Quand vous en aurez quantité, dessechez-les au soleil, ou deuant vn fort leger feu, & les mettez dans vn mattras bien scellé, à feu de lampe, ou vn semblable, par trois ou quatre mois; & vostre matiere se congelera & fixera, horsmis quelque petite portion d'icelle, qui s'esleuera le long des costez du vaisseau. Ceste-cy est la moyenne substance de la premiere matiere de toutes choses, qui est l'eau. Mais afin qu'on ne s'abuse, toutes ces practiques ne sont qu'vne image & portrait à demy esbauché icy, de la maniere qu'on doit tenir à extraire des liqueurs d'où se resoluent de soy-mesme à l'humide toutes sortes de sels, tant le commun, que sel alcali, de tartre, & autres semblables; la substance douce, oleagineuse, surnageant à l'eau, d'auec la sallée & amere qui y demeure dissoulte, & apres l'extraction de l'eau demeure en sel congelé au fonds, c'est à dire, separer l'huille des sels: ce qui ne se fait pas sans grand artifice, mais il n'est pas raisonnable de le descouurir & diuulguer tout apertement, qu'on n'en reserue quelque chose, de peur de faire tort à la curieuse recherche des hommes doctes qui ont tant pris de peine & trauail pour paruenir à la cognoissance de ces beaux secrets.

Il nous a semblé deuoir aucunement parcourir les experiments dessusdits de l'eau, tant pour l'importance & la rarité dont ils sont, que pource que cela depend du ſel, dont l'eau fait la principale partie; & pareillement de la mer, dont ſeparant la ſubſtãce douce le ſel demeure congelé ſolide: & de ce ſel reſouls à par ſoy à l'humide, ſ'en extrait par diſtillation la pluſpart d'eau douce; au moyẽ dequoy ſans ſortir du ſubiect du ſel, il n'y aura point de mal de toucher icy quelque choſe de la mer, dont l'eau eſt comme le corps; le ſel y enclos non apperceuable à la veuë, trop bien au gouſt, ſont les eſprits vitaux, & la ſubſtance oleagineuſe inflammable enueloppée dans le ſel, l'ame & la vie de nature d'air ou de vent; *Memento quia ventus eſt vita mea.* Il y a donc deux ſubſtances en la mer, & par conſequent au ſel; l'vne liquide & volatile qui monte en hault, & eſt double; l'eau à ſçauoir & l'huille, l'vne & l'autre douce: & l'autre fixe & ſolide, qui eſt l'amere & ſallée. C'eſt pourquoy Homere appelle l'Ocean le pere des Dieux & des hommes; car ſ'eſpandant de toutes parts à trauers les conduits & ſpongioſitez de la terre qu'il tient embraſſée tout à l'entour, ainſi qu'vne ſeche accrochée à quelque rocher; là dedans par vne prouidence de nature ſe fait vne ſeparation de ſubſtances; de la douce à ſçauoir, & de la ſallée; car l'eau marine paſſant à trauers ces conduits ſ'y deſſalle, tout ainſi que ſi on la diſtilloit par vn alembic ou cornuë, ou qu'on la coulaſt pluſieurs fois à trauers du ſable, dont partie en demeure empaſtée auec la terre pour la production & nourriture des vegetaux; partie paſſe és ſources, puits &

fontaines, dont se forment tous les fleuues & les
Ecclesiaste 1. riuieres: *Tous fleuues entrent dans la mer, sans que delà elle en regorge; puis ils retournent en leur lieu, afin que derechef ils coulent.* Et partie s'esleue là hault par le moyen du soleil & des astres qui l'attirent & succent, tant pour leur nourriture que pour la formation des pluyes, neiges, gresles, & autres impressions aqueuses de l'air. La sallée qui est plus grossiere, pesante & terrestre, demeure inuisquée és veines & conduits de la terre, où la chaleur enclose la cuit, digere, altere, & change d'vne en autre nature pour la production de toutes sortes de mineraux, moyennant la portion de l'eau douce y entremeslée, qui dissoult & relaue ces sels, tant que finablement ayans esté amenez à leur derniere perfection selon l'intention de nature, elle en forme ce qu'elle aura determiné. La mer donques n'est pas si sterile & infructueuse, comme quelques Poëtes & Philosophes l'ont faite: Platon mesme dans le Phedon, où il dit que rien ne s'y peut procréer qui soit digne de Iupiter, parce que tous les animaux qui s'y procréent sont tres-farouches & indomptables, indociles, & où il n'y a aucune amitié ny douceur. Mais que dirons-nous du Daulphin qui sauua Arion, & de plusieurs autres alleguez de Plutarque en son traicté, Quels animaux sont les plus aduisez, ceux de la terre, ou ceux des eaux? du poisson pareillement dont les Indiens se seruent ainsi que d'vn leurier d'attache? mais il est petit, pour pren-

dre les poiſſons, ne deſmordant iamais ce qu'il aura vne fois attaché. Certes vn bracque, ny chien couchant ne ſçauroient eſtre plus ſpirituels ny dociles que ce poiſſon-là, s'il eſt au moins vray ce qu'en raconte auoir plusieurs fois veu à l'œil, Gonçalo de Ouiedo au 13. liure de ſon hiſtoire naturelle des Indes, chapitre 10. & Dom Pietro Martyre d'vn autre ſorte de poiſſon dit *Manati*; lequel ayant eſté pris en la mer tout petit encore, & de là porté en vn lac, ſe rendit domeſtique, & priué venoit prendre de la main des perſonnes du pain; & ne failloit de venir de fort loing quand on l'appelloit, ſe laiſſant manier à leur volonté: & les portoit meſme deſſus ſon dos comme en vn radeau à trauers le lac d'vn bout à autre. Mais les poiſſons d'eau douce ſont-ils plus dociles que ceux de la mer? Les Preſtres d'Egypte ſur tous les autres abhorroient la mer, l'appellans la fin finale, mort & deſtruction de toutes choſes, à cauſe que ſon eau tuë tous les animaux qui en boiuent; & eſt cõme vn ſepulchre de tous les fleuues qui ſe vont perdre & mourir là dedans; de meſme que la terre l'eſt de tous les corps, ſans que l'vne ny l'autre en regorge. A ce propos Chiia dans le Zohar, deplorãt la mort de Rabbi Simeõ autheur d'iceluy, apres s'eſtre proſterné en terre, & l'auoir embraſſée, vſe d'vn tel langage; O terre, terre, pouldre, pouldre, que tu es dure & impitoyable; car tout ce qui peut eſtre de plus deſirable à la veuë, tu l'éuieillis & le difformes. Tu débriſes les luiſantes colõnes du mõde,

Combien esteins-tu de claires resplendissantes lumieres, qui reçoiuent la leur de la viue source eternelle, dont le monde est par tout illustré? Ces Princes & Potentats donnez aux peuples pour les gouuerner, & leur administrer iustice, dont ils se maintiennent & subsistent, s'enuieillissent & definent en toy; & tu demeures tousiours persistante en toy, ne te pouuant saouler n'assouuir de tant de corps qui y retournent, afin que le monde ait à s'y deperir & gaster, & puis se renouueller soudain: toutes lesquelles mutations aduiennent en toy. Mais pour le regard de la mer, les Prestres Egyptiens la detestoient tant, qu'ils ne pouuoient voir mesme les mariniers, ny les insulaires, comme gens qui de toutes parts estoient retranchez de l'humain commerce (*Semotósque orbe Britannos*) par vn element, qu'ils disoient estre le cinquiesme, ainsi austere, outrageux & impitoyable: & pour ceste cause s'abstenoient du sel, pource qu'entre autres choses il prouoquoit la lasciueté. L'occasion pour laquelle aussi ils reiettoient ainsi la mer, estoit aucunement mystique & allegorique, pource qu'elle ne laue ny ne nettoye les taches & ordures: si qu'Homere fait, & non sans raison, que Nausicaa fille d'Alcinous, laue ses linges & drappeaux en vne fontaine d'eau douce sur le riuage de la mer; car à la verité l'eau marine ne laue pas: ce qu'Aristote, comme met Plutarque au premier des Symposiaques, question 9. refere à la saulmure dont l'eau de la mer est toute remplie; si que n'y ayant rien de vuide, elle ne peut receuoir les ordures: Et vne lexiue n'est-elle pas de mesme, voire encore plus remplie de sel, voire plus onctueux & gras que celuy de la mer? Si que selon le tesmoignage du mesme Aristote, on met de l'eau marine dans les lampes pour les faire luire plus clair, & iettée dessus la flamme elle s'allume. En quoy il y pourroit auoir aussi quelque mystere contenu, concernant le feu & le sel & leur affinité ensemble: Ioint qu'on voit par là que le sel est ennemy des ordures & immondices; & ne s'y veut pas ioindre ny associer, non plus que le feu: *qui non vult nisi res puras*, dit le bon-homme Raymond Lulle. Au propos dessusdit encore, Plutarque és causes naturelles, met que l'eau de la mer ne nourrist pas les arbres ny les plantes; parce qu'estant grossiere & pesante, elle ne peut monter en leur scene: laquelle pesanteur & grossitude se voit de ce qu'elle porte de si grands fardeaux plus que la douce; & cela vient du sel qui y est dissouls, & est terrestre, & par consequent plus mal-aisé à enfoncer. Outre-plus, les arbres estans selon l'opinion de Platon, Democrite, Anaxagoras, & autres, ainsi qu'vn animal terrestre, elle n'y peut donner nourriture; *nam amarum non nutrit, sed dulce tantùm.* Mais que dirons-nous de tant de sortes de poissons qui se procréent & nourrissent dedans la mer; des herbes aussi & des arbres? Francisco d'Ouiedo, liure 2. chapitre cinquiesme, met qu'en la premiere descouuerture de Christophle Colomb, ils trouuerent comme de grandes prairies vertes & iaunes en la haute mer plus de deux cens lieuës loing de terre, de certains herbages dits *salgazzi*, qui vont flottans à fleur d'eau, selon que les vents les transportent de costé & d'autre. En la relation de Francisque Vlloa, il met que la racine des herbes dont il donne la description & figure, ne s'enfonce point dauantage que de douze ou quinze brasses dans l'eau, iaunes au reste comme cire. Mais on voit assez d'autres herbes & arbrisseaux croissans le long des plages de la mer, & dans la mer mesme. Plutarque insiste au reste que ceux qui croissent le long des riuages de la mer rouge, sont là procreez & nourris du limon qu'y charrient les fleuues qui tombent dedans. Ce qu'il eust peu dire plus à propos de la mer maiour, autrement le pont Euxin. Et Pline liure 18. chap. 22. que les herbes qui naissent dans l'eau ne se nourrissent que des pluyes; mais il s'en ensuiuroit qu'aussi bien s'en procréeroit-il en tous les endroits où il pleut indifferemment. Aristote auec meilleure raison le refere à la salsuginosité grasse & onctueuse, qui y est meslée; le sel estant gras & onctueux; ce qui est cause que l'eau de la mer n'esteint pas si aisément le feu, que la douce. Mais ceste salsuginosité est égallement par toute la mer. Le mesme Pline, liure 19. chap. 11. specifie certaines herbes à qui les eaux sallées profitent beaucoup. Ce sont des secrets de nature à quoy le discours humain peut malaiſément arriuer: car les herbes par vne prouidence d'icelle peuuent auſſi bien ſuccer & diſtraire de l'eau ſallée la ſubſtance douce dont elles y ſont procreées & nourries que les poiſſons. Mais cela n'eſt pas de noſtre propos principal; nous ne l'auons icy atteint que pour monſtrer que le ſel n'eſt pas infertile, ains cauſe la fertilité, prouoquant l'appetit Venereen, dont Venus auroit eſté ditte ἀφρογενὴς, engendrée de la mer; ſi qu'on donne du ſel aux animaux pour les eſchauffer dauantage, & leur fait-on manger des ſalures, comme met Plutarque és cauſes naturelles, queſtion 3. Et voit-on par experience qu'és baſteaux chargez de ſel ſ'engendrent plus de rats & ſouris qu'és autres: ce qui deburoit d'autant deſcrier le ſel pour le regard des choſes ſainctes, dont toute lubricité doibt eſtre bannie; mais le ſel eſt du nombre des choſes qui ſ'appliquent en la bonne & mauuaiſe part. De la bonne nous en auons cy-deuant allegué pluſieurs paſſages: de la mauuaiſe, pour la ſterilité en Gen. 14. *Tous ſ'aſſembleront en la vallée ſylueſtre, qui eſt maintenant vne mer de ſel.* Et au chapitre 19. comme auſſi en la Sapience 10. de la femme de Lot, qui pour ſon incredulité & n'auoir obey à la voix des Anges, fut conuertie en vne ſtatuë de ſel. Au 9. des Iuges les habitations des rebelles & traiſtres ſont raſées & ſemées de ſel. Et au 2. de Sophonias; *Moab ſera comme Sodome vne deſolation d'orties & de chardons; & monceaux de ſel.* Mais nous voyons sur les hausses & leuées des marez salins de Xainctonge, où lon vuide les fanges qui sont aussi sallées que la mer propre, il se produit des meilleurs bleds qu'il est possible, & en fort grande quantité; des vins aussi fort excellens. Mais il y a vne autre consideration en cela, comme en la marne, & és Essards de l'Ardenne, où lon brusle des taillis de sept ou huict ans, ainsi qu'on fait aussi les chaux-viues: ce qui tient lieu de fiens en leurs terres; car ces cendres-là ne produiroient rien de soy, non plus que la marne & le sel; mais ils sont cause de production, pource qu'ils eschauffent & engraissent la terre. Il y a encore vne autre raison, qu'allegue Plutarque; Que par tout où il y a du sel meslé, rien ne se fige & constipe au dedans; laquelle constipation empescheroit les herbes de poindre. Du sel outre-plus nous prouiennent infinis medicaments & remedes; surquoy ie ne m'amuseray point içy à ce qu'en ont peu mettre Dioscoride, Pline, & autres, qui en ont traicté comme à la baulde & la vollée à clos yeux les vns apres les autres, sans en auoir fait l'espreuue; ioint que cela est si triuial & battu que rien plus: ains toucheray icy en passant pays, vn experiment dont i'ay veu de fort admirables effects en des fiebures aigues & inquietudes où lon ne peut prendre repos. C'est vn frontal fait de ceste sorte: Prenez vn moyeu d'œuf fraiz, & autant de gros sel: battez-les ensemble en forme d'onguent, que vous appliquerez sur le front entre deux linges & compresses. Il ne morfond point le cerueau, ny ne cause de tels accidents que font la conserue de roses, l'oxyrhodinon semblablement, & apporte bien plus de soulagement.

FIN.

www.ingramcontent.com/pod-product-compliance
Ingram Content Group UK Ltd.
Pitfield, Milton Keynes, MK11 3LW, UK
UKHW020556230726
13926UKWH00005B/2045